U0376471

"果树栽培修剪图解丛书"
编写委员会

主　任　房经贵

副主任（以姓氏笔画为序）

刘学卿　齐秀娟　宋宏峰　张玉刚

张全军　林　燚　於　虹　郝兆祥

候乐峰　曹尚银　淳长品　解振强

委　员

上官凌飞　马春晖　王　驰　王　晨

杨瑜斌　韦继光　毛玲荣　卢志红

冉　春　刘学卿　孙　欣　朱旭东

齐秀娟　李好先　李延菊　李淑平

宋宏峰　冷翔鹏　张玉刚　张全军

林　燚　於　虹　房经贵　郝兆祥

候乐峰　郭　磊　曹尚银　淳长品

解振强

果树栽培修剪图解丛书

柑橘

高产优质栽培与病虫害防治图解

淳长品　主编

第二版
Second
Edition

化学工业出版社

·北京·

内容简介

本书针对我国柑橘产前、产中和产后等环节，采用图文并茂的方式，以便教学、科研和生产人员进行实际操作，具有鲜明的目的性和实用性，本书共分为七章，分别以国内外设施柑橘生产情况及柑橘主要栽培品种，柑橘苗木繁育，柑橘园的建立，柑橘土、肥和水管理，柑橘整形修剪，柑橘病虫害防治，采收与储藏为主题进行阐述，与以前专著或是科普读物不同的是，本书主要采用生产实践中实际操作的图片，不是手绘插图。本书不仅具有现代科学理论且具有实际应用价值，是该领域富有新意的一部著作。

本书既可作高校或中等职业学院的教学用书，也可供科研及技术人员阅读参考，更适用于从事生产一线的技术人员或果农参考。

图书在版编目（CIP）数据

柑橘高产优质栽培与病虫害防治图解/淳长品主编．—2版．
—北京：化学工业出版社，2021.11
（果树栽培修剪图解丛书）
ISBN 978-7-122-39844-4

Ⅰ．①柑⋯　Ⅱ．①淳⋯　Ⅲ．①柑桔类-果树园艺-图解
②柑桔类-病虫害防治-图谱　Ⅳ．①S666-64②S436.66-64

中国版本图书馆CIP数据核字（2021）第175099号

责任编辑：李　丽　　　　　　　　　　　　　装帧设计：韩　飞
责任校对：王鹏飞

出版发行：化学工业出版社（北京市东城区青年湖南街13号　邮政编码100011）
印　　刷：三河市航远印刷有限公司
装　　订：三河市宇新装订厂
710mm×1000mm　1/16　印张12$\frac{3}{4}$　字数172千字　2022年1月北京第2版第1次印刷

购书咨询：010-64518888　　　　　　　　　　售后服务：010-64518899
网　　址：http://www.cip.com.cn
凡购买本书，如有缺损质量问题，本社销售中心负责调换。

定　价：69.80元　　　　　　　　　　　　　版权所有　违者必究

编写人员名单

主　　编：淳长品

编写人员：卢志红　舟　春　王日葵　江　东
　　　　　淳长品

（编写人员单位：中国农业科学院柑橘研究所）

　　柑橘（*Citrus reticulata* Blanco）属芸香科柑橘亚科，多年生热带、亚热带常绿果树（枳除外），用作经济作物栽培的有3个属：枳属、柑橘属和金柑属，但全世界柑橘栽培的品种主要是柑橘属，分布在北纬16°～37°，性喜温暖湿润气候。柑橘资源丰富，优良品种繁多。我国是世界柑橘的起源中心之一，有4000多年的栽培历史，也是我国南方农村重要的经济作物。2019年我国柑橘栽培面积261.7万公顷（3925.5万亩），总产量4584.54万吨，产量和面积均居世界第一位。

　　柑橘科技方面的专著或科普读物，对我国柑橘的品种、栽培和病虫害防治均起着重要的作用，特别是对柑橘"高产、优质和高效"等方面起到卓越的成效。但我国柑橘品种良莠不齐，栽培技术和病虫害防控多数还是靠传统技术，远远跟不上时代步伐，并且在实际栽培管理中难于操作。鉴于此，我们编写了《柑橘高产优质栽培与病虫害防治图解》一书，该书主要采用理论与技术阐述，文字与图片结合，图片多数为生产实际操作图片，第一版一经出版，就受到了广大读者的热烈欢迎，是果树类最畅销的图书之一。

　　随着柑橘产业的发展，新品种、新需求、新问题不断产生，栽培技术不断更新、完善，应广大读者要求，我们修订了《柑橘高产优质栽培与病虫害防治图解》，第二版对第一版的内容进行了部分更新，补充了当今最热门的柑橘新品种。另外，所有图片均为彩色，以期更好地服务于柑橘科技工作者、学生和果农在生产中的操作、学习和掌握。

本书编写过程中，参阅了大量的柑橘文献，增补内容受益于曹立同志提供的材料。在此，向原书作者和提供资料、图例的同仁表示衷心的感谢！

由于编者水平有限，如有疏漏之处，恳请广大读者朋友批评指正。

编者

2021年5月

柑橘（*Citrus reticulata* Blanco）属芸香科柑橘亚科，多年生热带、亚热带常绿果树（枳除外），用作经济栽培的有3个属：枳属、柑橘属和金橘属，分布在北纬16°～37°，性喜温暖湿润气候。柑橘资源丰富，优良品种繁多。我国是世界柑橘的起源中心之一，有4000多年的栽培历史，也是我国南方农村重要的经济作物。2011年我国柑橘栽培面积达228.8万公顷（3432万亩），总产量2944.04万吨，产量和面积均居世界第一位。

柑橘科技方面的专著或是科普读物，对我国柑橘的"高产、优质、高效"等方面均起着重要的作用。但我国柑橘品种良莠不齐，栽培技术和病虫害防控还是靠传统技术，远远跟不上时代步伐，并且在实际栽培管理中不知道如何操作。鉴于此，我们编写了《柑橘高产优质栽培与病虫害防治图解》一书，内容主要包括国内外设施柑橘生产概述、柑橘新品种、苗木繁育、柑橘园的建立、土肥水管理、整形修剪、病虫害防治、采收与储藏等内容。本书主要采用理论与技术阐述，文字与图片结合，图片多为生产实际操作的照片，丰富实用，可操作性强，便于果农学习和掌握。

参加本书编写的有江东（第一章）、卢志红（第二章）、淳长品（第一章部分内容及第三章、第四章、第五章）、冉春（第六章）、王日葵（第七章）。但限于笔者水平有限和时间仓促，书中疏漏之处在所难免，敬请读者批评指正。

编者
2016年6月

第一章

柑橘设施生产概述及主栽品种

一、柑橘设施生产概述

二、柑橘主要栽培品种

一、柑橘设施生产概述

（一）柑橘设施栽培的意义

柑橘设施栽培是人为改变其生长结果环境条件，主要目的是改变柑橘成花和果实发育进程，从而达到延迟或促进果实成熟，或提高果实品质的目的。

（二）柑橘设施栽培的生产现状和发展趋势

1. 国外柑橘设施栽培的生产现状和发展趋势

果树设施栽培有悠久的历史，在17世纪末，法国就建成了栽培橘树的凡尔赛大温室。目前果树设施栽培以荷兰、比利时和意大利为最多，主要以葡萄、桃和草莓为主，柑橘的设施栽培主要集中在日本和韩国。

柑橘的设施栽培在日本和韩国发展较早，目前日本是世界上柑橘设施栽培面积最大、技术最先进的国家。日本全国柑橘栽培面积6万公顷，其中设施栽培面积占栽培总面积的1/10。日本柑橘设施栽培以加温型大棚为主，按加温时间的不同，常分为两大类，一类是早期加温型，11月上旬至12月开始加温，果实可在5月中旬至7月上市；另一类是普通加温型，12月中旬至1月上旬开始加温，果实在7月中旬至9月上市。韩国是全球第二大柑橘设施栽培国，设施栽培面积约0.15万公顷。由于设施栽培比例较高，韩国柑橘几乎实现了周年鲜果供应市场，2～4月是避雨、越冬栽培温州蜜柑的采收上市期，3～5月是避雨栽培的晚熟杂柑类采收上市期，5～10月是加温及无加温设施温州蜜柑的采收上市期。

2. 我国柑橘设施栽培的生产现状和发展趋势

我国柑橘设施栽培（图1-1）起步较晚，但发展较快，上海设施栽培温州蜜柑单产2171kg/亩/（1亩＝667m²），江西南丰蜜橘的设施栽培（温室大棚）使坐果率大幅度提高，成熟期提前40天，浙江柑橘研究所的大棚越冬温州蜜柑栽培取得较好效益。近年来，随着柑橘市场竞争的加剧，各地在积极探索和发展柑橘的简易设施栽培技术（图1-2），主要以简易覆膜栽培为主，通过避雨控湿和减轻低温影响，提高果实品质和减少越冬落果。目前，在浙江临海，广西融安、阳朔以及四川盆地的仁寿、彭山、金堂等地已有较大面积的柑橘简易设施栽培。四川盆地的树冠覆膜简易设施栽培的清见、不知火橘橙和脐橙等品种，越冬落果率大幅度减少，在3～5月鲜果采收上市，经济效益十分突出。但是，我国对柑橘设施栽培还缺乏系统性研究，不同生态条件下，对设施栽培的环境因子变化和柑橘生长发育与生理变化还知之甚少，成为制约我国设施柑橘产业化的一个重要原因。

图1-1　标准化设施栽培（彭抒昂摄）

图1-2　国内简易设施栽培

二、柑橘主要栽培品种

柑橘是热带或亚热带果树，在分类学上属于芸香科植物，其种类众多，包括柑、橘、橙、柚、金柑、柠檬、佛手、来檬等众多类型，柑橘在我国的栽培历史十分悠久，最早的柑橘栽培可追溯到夏代，距今已有4000多年的历史。自古以来，柑橘多栽培于长江以南地区，韩非子曾有"橘生淮南为橘，生淮北为枳"的说法。我国是世界柑橘的起源中心之一，柑橘种质资源十分丰富，类型也极其多样，其中宜昌橙、金豆、红河大翼橙、莽山野柑等为我国原产，至今仍有野生分布。目前生产中栽培较多的柑橘类果树主要为金柑属、柑橘属和枳属中的植物。

（一）宽皮柑橘

我国是世界宽皮柑橘的起源中心，宽皮柑橘因果皮宽松易剥，囊瓣易分离而得名。宽皮柑橘从我国传播到世界，对世界柑橘的发展起到重要的推动作用。日本僧人曾在几百年前将浙江温州的广橘引入到日本，而后培育出了温州蜜柑，成为重要的宽皮柑橘品种。广东的茶枝柑传入到欧洲，经过逐步发展演化，产生了地中海橘和克里曼丁橘等重要的宽皮柑橘类型。宽皮柑橘品种类型极其丰富，主要品种有温州蜜柑、椪柑、朱红橘、红橘、砂糖橘、南丰蜜橘、酸橘、克里曼丁橘等。我国栽培宽皮柑橘的地域广泛，知名的品种也较多，比如广东四会的砂糖橘、贡柑，广东新会的茶枝柑，广东龙门的年橘，江西南丰蜜橘，广西柳州的蜜橘，福建永春的芦柑，重庆万州的红橘，浙江黄岩的本地早、黄岩蜜橘、瓯柑，湖北宜昌、湖南石门等地的蜜橘等。一些宽皮柑橘果实中含有丰富的功能活性物质，比如宽皮柑橘中的金钱橘、扁平橘、椪柑中含有较多的多甲氧基黄酮，具有抗癌、消炎功效。温州蜜柑、丽红等果实中含有较多的 β-隐黄质，具有重要的生理保健功能，另外宽皮柑橘中的茶枝柑则是制作中药陈皮的重要原料。

1. 橘类

（1）砂糖橘　起源于广东四会，又名十月橘。因其味甜如砂糖故名。

现普遍种植于广东、广西、福建等地。树势较弱，树冠圆头形，枝条细弱、浓密。该品种果实小（图1-3），果实圆形或扁圆形，顶部有瘤状突起，单果重58～86g，果径28～30mm，果皮橙红色，皮薄易剥，橘皮上油胞凸起，手感

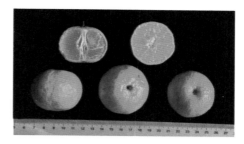

图1-3 砂糖橘

较粗糙，果肉橙红色，肉质细嫩化渣，汁多味甜；可溶性固形物含量为11%～12.9%，100ml果汁含全糖10.55%、可滴定酸0.35%，可食率71%。在隔离种植的情况下基本无核，而与其他品种混栽则易产生种子。该品种适宜在光热条件较好的南方地区种植，在年均温18℃的重庆种植，露地栽培表现果实化渣性较差，但在温网室设施栽培条件下，则果实品质得到很大提升，可作为设施栽培品种发展。

（2）红橘　红橘（图1-4）主产于重庆万州、江津、合川，四川内江等地，树体高大，较直立，树冠自然圆头形。枝梢较密，短且细，质地硬，具刺。果中等大，扁圆形，横径5.9～7.0cm，纵径3.32～5.2cm，单果重87～125g；果顶部平至广平，顶端广，浅凹，部分开裂呈假脐状或呈假脐孔状，基部浑圆或平圆，具矮短颈或无。果面平滑，富光泽，鲜橙红色，油胞细密，微凸或平生，果皮较薄，包着宽松，易剥离；海绵层松软，易龟裂，橘络多；中心柱大而空虚。果肉橙红色，柔嫩，汁多，酸甜，味较浓，化渣；可溶性固形物含量为8.7%～12.5%，100ml果汁含柠檬酸0.37～0.80g、糖7.4～9.8g、维生素C 31.2mg，可食率72%，出汁率42%～51%。种子多，每果9～22粒。果实11月下旬至12月上旬成熟，不耐储藏。红橘适应性和抗逆性强，较耐寒，抗旱、耐瘠，较抗病虫害。丰产稳产，果大、果色鲜艳、易剥

图1-4 红橘

皮，品质尚佳。果皮、橘络和种子均为中药材的重要原料。20世纪70年代以前，红橘在四川和重庆栽培非常广泛，其产量和面积约占当时柑橘总量的70%，为最重要的柑橘品种，目前大部分已被其他良种取代，但在一些传统红橘产区，仍有相当规模栽培。

（3）满头红　满头红（图1-5）系由朱橘实生变异而来。树势强健，树冠圆头形，枝梢较稀。叶长椭圆形或菱状椭圆形。果中等大小，扁圆形，横径5.4～6.5cm，纵径4.4～4.8cm，单果重81～100g；果顶部狭平，顶端锅底状浅凹，部分有乳头状突起，基部平至平圆。果面暗朱红色至浓橙红色，较平滑至粗糙，油胞中等大或小，密生，凹入，凹点小而多，布满全果。果皮薄，质脆，易剥离，海绵层松软，龟裂，橘络多，中心柱大而空虚。果肉橙色，质较脆嫩，酸甜，略偏淡，化渣。可溶性固形物含量为11.1%，100ml果汁含转化糖9.26g、还原糖2.55%、柠檬酸0.65g、维生素C 23.87mg、可食率72.63%、出汁率50.83%，品质优良。种子较少，每果5～13粒。果实10月上旬成熟。本品种丰产，果实成熟早、少核、汁多、化渣、含糖量高，但不耐储藏。

（4）本地早　本地早（图1-6）是我国宽皮柑橘良种，原产浙江黄岩。树冠圆头形或扁圆头形，分枝多而密，绿叶层较薄，有时多集中于树冠外层，内膛多空虚。叶片长椭圆形或菱状椭圆形，先端钝圆，凹口明显。果扁圆形，中等大，纵径3.5～4.5cm，横径4.5～6.2cm，单果重50～120g，多数在80g左右；顶部广平，顶凹广、较深，柱痕多开裂

图1-5　满头红

图1-6　本地早

呈假脐状，基部广平或钝圆，果蒂平生。果面较粗糙，橙黄色，有光泽，油胞大，突起或微凸。果皮包着较宽松，质脆，易剥离，橘络较少。果肉橙至浓橙色，质地柔软化渣、汁多，酸甜偏甜，风味浓，品质优良。可溶性固形物含量为12.3%，100ml果汁含柠檬酸0.45%、转化糖7.03%、维生素C 22.06mg，可食率78.21%，出汁率61.21%。每果种子5～13粒，较大。11月中旬成熟，风味甜，酸低，化渣。本地早为我国柑橘优良品种之一，从本地早中还选育出了少核类型。本地早果实中等大小，味甜、汁多、化渣，果实品质佳，既可鲜食又是加工糖水橘子罐头的良好原料。

（5）南丰蜜橘　南丰蜜橘（图1-7）原产于江西南丰，现广泛种植于广西、广东、福建等地。南丰蜜橘属乳橘类，树冠圆头形，开张。果实扁圆形，较小，均匀，纵径3.4～3.75cm，横径4.5～5.1cm，平均单果重45g；果实顶部平，顶端微凹，有明显放射状沟纹，柱痕通常开裂呈假脐状；基部平或平圆，偶具短颈，蒂周有3～5条放射沟。果皮表面略显粗糙，橙黄色至橙色，油胞略大，微凹，果皮薄，包着松，易剥离，橘络少；果肉橙色，柔嫩、汁多，味甜浓厚，有香气，果实囊壁较韧，果渣偏多，品质尚佳。可溶性固形物含量11.5%，100ml果汁含柠檬酸0.66g、转化糖9.89g、维生素C 20.54mg，可食率68%，出汁率41.6%。种子较少，一般单果1～2粒，单胚。果实11月中旬成熟。南丰蜜橘因果实风味甜、少核、丰产性强而深受消费者喜爱。另外南丰蜜橘由于种子单胚、种子数量少，也是重要的育种材料。从南丰蜜橘中选育出的优系有大果南丰、桂花蒂南丰、蜜广、红广、鸳鸯柑等。目前日本、韩国所产的无核纪州蜜橘与南丰蜜橘为同一类型。

2. 柑类

（1）温州蜜柑　由于温州蜜柑具有抗寒性强、适应性广、易栽培管理、早结丰产、果实品质优良等诸多优点，因此是我国栽培面积最

图1-7　南丰蜜橘

广的宽皮柑橘类型，也是我国柑橘北缘地区发展柑橘的首选。我国地域广阔，生态气候的差异导致相同温州蜜柑品种在不同地区的成熟期上存在较大差异，比如特早熟温州宫本在云南华宁的成熟时间很早，8月中旬即可成熟采收，而在重庆则要到9月下旬方能成熟。由于温州蜜柑在热量高的地区，因开花时间提前而使得成熟期相应提早。利用这个特点，可在冬季通过温室加温的方式，使温州蜜柑在1月开花，就能使果实在6月中下旬成熟，大幅提前了温州蜜柑的采摘时间，从而产生良好的经济效益。生产上，一般根据温州蜜柑露地栽培成熟时间的不同，将温州蜜柑分为特早熟温州蜜柑（成熟期8～10月上旬）、早熟温州蜜柑（成熟期10月中下旬至11月上旬）、中晚熟温州蜜柑（11月上旬以后）。目前温州蜜柑品种（系）众多，在生产中栽培较多的特早熟品种有宫本、大分早生（图1-8）、上野、大浦、市文、岩崎、日南1号、山川；早熟品种有宫川、兴津、稻叶、三保；中晚熟品种有青岛、大津4号、寿太郎、尾张等。由于特早熟温州蜜柑上市早，市场前景较好，因此近十几年发展面积较大。特早熟和早熟温州蜜柑由于成熟早，果实糖度积累较低，为提高果实糖度，在生产上广泛采用采前土壤控水、地膜覆盖、果实挂树延迟采收等技术措施来增加果实糖度，提高果实品质。由于温州蜜柑果实成熟后易浮皮，果实品质会迅速劣变，因此挂树延迟采收只针对某些不易浮皮的温州蜜柑品种。温州蜜柑除鲜食外，也适宜加工，为发展适宜制汁加工的橘瓣罐头，我国在20世纪70年代，对温州蜜柑进行了选育，培育出了涟红、宁红等系列制汁类温州蜜柑品种。由于温州蜜柑易于剥皮，果实无核，果肉色泽浓橙红色，富含β-隐黄质，栽培管理容易，具有早结、丰产、抗病、耐寒等诸多优点，因此温州蜜柑也是重要的柑橘育种亲本材料，利用温州蜜柑为亲本，培育出了一系列重要的柑橘品种，如清见、南香、

图1-8 大分早生

卡拉橘等品种，中国农业科学院柑橘研究所利用尾张温州为亲本，与细叶薄皮甜橙等进行杂交，培育出了晚蜜1号、晚蜜3号等系列晚熟杂柑品种。

① 特早熟温州蜜柑：果实褪绿和降酸较宫川和兴津等早熟温州蜜柑早7天以上的温州蜜柑。这类温州蜜柑树势弱，树冠矮小紧凑，枝条短密，结果能力强，易出现大小年结果，树势易早衰。由于果实生育期短，糖度低，风味淡泊，一般果实不耐储藏，较易浮皮。

a. 大分早生：大分早生特早熟温州蜜柑是日本大分县柑橘试验场从"今田"温州蜜柑与"八朔"杂交后代的珠心胚实生播种选育得到。该品种树势在特早熟温州蜜柑中属较强的一类，树姿开张，节间长，无刺，果实扁平形，果形指数1.3左右，平均单果重120g，果皮颜色较深，果面油胞明显，外观艳丽而富光泽，果肉细嫩爽口，汁多化渣，是特早熟温州蜜柑中含糖量较高的品种。果实9月上旬开始着色，9月中旬成熟，果实可溶性固形物含量为10.8%，可滴定酸含量0.87%。减酸早，口感良好。大分早生是目前生产上综合性状表现较好的特早熟温州蜜柑之一。

b. 大浦温州：大浦温州（图1-9）属特早熟温州蜜柑，由日本佐贺县太良町从山崎早熟温州蜜柑的枝变中选出。我国引入后，经试栽表现良好。树势在特早熟温州蜜柑中较强，果实扁平、较大，单果重150g左右，果皮薄，光滑，果色橙黄；果肉细嫩，无核，品质好，9月初开始着色，10月上旬成熟采收；可溶性固形物含量为10%，100ml果汁含转

图1-9　大浦温州

化糖8.36g、还原糖3.88g、可滴定酸0.73%、维生素C 26.29mg，可食率79.39%，出汁率57.39%。果实在成熟前减酸较慢，完全着色后浮皮较少，上市较其他特早熟温州蜜橘迟，容易产生大小年。

c. 宫本温州（图1-10）：宫本温州蜜柑系宫川温州蜜柑的早熟芽变，比宫川提早成熟2～3周。20世纪80年代初引入我国，以湖北、四川、湖南、广西、云南栽培较多。主要特点：树势较弱，开张，树冠扁圆头形，叶片较小、密生；果实扁平，橙色或深橙色，果皮薄，极易剥离，单果重100g左右，大小均匀；品质较好，果肉深橙色或红色，细嫩多汁，酸甜适口；可溶性固形物含量9.0%～10.5%，100ml果汁含转化糖6.92%、还原糖4.88%、可滴定酸0.92%、维生素C 35.74mg。果实9月上旬开始着色，9月中、下旬上市，10月中旬后采收，风味变淡，品质下降，并出现浮皮。该品种早结丰产性状明显，成熟期比宫川温州早2～3周。

图1-10 宫本温州

d. 日南1号（图1-11）：是兴津温州蜜柑中选出的早熟芽变。该品种树势较强，枝梢节间长，叶片大。树姿似普通温州蜜柑，进入结果期后，树势不易衰退。果实扁圆形，果面光滑，完全着色时果皮色浓，平均单果重120g左右。皮薄易剥，果肉色深，降酸早，但减酸慢，成熟后糖高酸低，风味较浓。9月中旬开始着色，10月中旬完全着色。9月底可溶性固形物含量为10%，100ml果汁含可滴定酸0.75g、转化糖7.4g、还原糖

4.88g、维生素C 28.04mg。作为极早熟温州蜜柑，因成熟早，树势强，容易栽培，是早熟、果实品质优良的极早熟温州蜜柑，同时也是收获和出售期较长的品种。

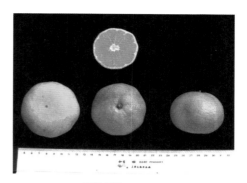
图1-11 日南1号

e. 上野早生（图1-12）：特早熟温州蜜柑，来源于宫川温州蜜柑的早熟枝变。目前在浙江、江苏、重庆等地有少量栽培。树姿和树势与宫川基本相同，在极早熟温州蜜柑中属树势较强类型，枝条较粗壮，叶片较肥大。果实扁圆形，单果重100～120g，果皮薄，易剥皮，风味较浓，品质优良，可溶性固形物含量为10%，100ml果汁含

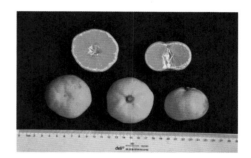
图1-12 上野早生

可滴定酸0.65%、转化糖7.6%、还原糖4.39%、维生素C 26.18mg，可食率82.5%，出汁率48.9%；风味浓郁，品质优良。丰产，较稳产。9月中旬果实开始着色，10月中旬完全着色，比宫川早熟10～15天。上野温州蜜柑果实糖度高，着色较早而降酸较迟，成熟后不易浮皮，因此挂树时间较长，可到11月采收，是综合性状表现较好的特早熟温州蜜柑品种。

② 早熟温州蜜柑：成熟期在10月中下旬的温州蜜柑品种统称为早熟温州蜜柑。这一类温州蜜柑品种的基本特点是（与普通温州蜜柑相比），树势较弱，树冠较紧凑矮小；枝条较短，多丛生，节间较密；果皮较薄，海绵层易龟裂；囊壁较薄，渣少；果实含酸量低，风味偏淡，不甚耐储。由于这一类品种的成熟上市期早，口感品质好，丰产稳产性强，容易栽培管理，因此分布面广，栽培量大，在我国柑橘生产中占有重要地位。

a. 宫川温州（图1-13）：宫川温州为引入我国栽培最早的温州蜜柑品种之一。原产日本静冈县，为在来系温州蜜柑的芽变，属早熟温州蜜柑。

图1-13 宫川温州

树势中等或较弱，开展，树冠紧凑矮小，枝条短密，常呈丛生状。果实高扁圆形，单果重140～160g，果皮薄，易剥皮，顶部较宽广，蒂部略窄，果面光滑，油胞大而稀，凸出，橙色；果汁糖酸含量较高，风味较浓；囊壁薄而软，化渣好，品质优良。可溶性固形物含量11.5%，100ml果汁含柠檬酸0.48%、转化糖8.19%、维生素C 28.86mg，可食率76.64%，出汁率58.03%。10月上旬果实转色，10月中旬成熟。宫川温州由于果实品质优良，丰产、稳产，果实成熟后不易浮皮，因此挂树时间较长，是综合性状较好的早熟温州蜜柑品种。宫川温州虽是较老的品种，但在各地表现树势中庸，早结丰产，果形整齐美观，品质优良，对日灼、裂果、炭疽病的抗性较强，形状也较稳定一致，所以无论在日本、韩国还是在我国，都深受栽培者和消费者的欢迎，自20世纪80年代以来，种植量迅速扩大，分布面也很广，目前与兴津一道，同为我国最主要的早熟温州蜜柑品种。

b. 兴津（图1-14）：早熟温州蜜柑，为宫川温州蜜柑的珠心系。树势中等或稍强，生长旺盛，树开张，发枝率强，幼树枝梢常具小刺，随着树龄增加而逐步消失；叶片菱形，浓绿色，质厚，富光泽。果实扁圆形，果较大，单果重140～160g，果皮薄，易剥皮，果面橙色或深橙色，较光滑，油胞大而稀，凸出，果汁糖酸含量较高，风味较浓；囊壁薄而化渣，品质优良；可溶性固形物含量为10%，100ml果汁含柠檬酸0.60%、转化糖7.83%、维生素C 30.54mg，可食率75.3%，出汁率55.83%。兴津在树势及产量方面优于宫川温州，风味品质也略胜一筹，成熟期略早数天，但幼树结果略迟，初果期多粗皮大果，果形、大小、风味均不稳定一致，成熟期也推迟，进入正常结果后，这些症状自然消失。在中亚热带地区，兴津的正常上市期为10月初到10月底，如采用完熟栽培方式，也可留树至11月底甚至12月采收，此时风味会更好。兴津迟采不易浮皮，丰产稳产，目前已成为我国早熟温州蜜柑的主栽品种。

图1-14 兴津

图1-15 南柑20

③晚熟温州蜜柑：这类温州蜜柑树体普遍较强，树冠高大，枝粗叶大，果实糖度高，风味浓，成熟期一般在11上旬以后至12月。

a. 南柑20（图1-15）：为尾张温州蜜柑的芽变，1966年引入我国，目前在湖南、四川、重庆、湖北、浙江等地都有栽培。树势中等，开展，发枝率强，枝条较短而细密，少披垂长枝。果实扁圆形，果形指数0.79，较整齐一致，中等大或稍小，单果重95～120g；果面橙色，油胞大，凸出，略显粗糙；皮薄，厚0.3cm，果肉色深，囊壁较薄，较化渣，糖酸含量较高，酸甜适口，风味较浓郁，品质优良。10月下旬至11月上中旬成熟，丰产，较耐储运。南柑20号属高糖系品种，引入我国后，在各地表现果实大小和形状均匀一致，优质丰产，上市季节介于早熟温州蜜柑和晚熟普通温州蜜柑之间，鲜食和加工制罐均宜。

b. 大津4号：为十万温州蜜柑的实生变异，20世纪90年代引入我国，今在浙江、湖南、重庆、四川、湖北有少量分布。树势强，树姿开张，枝条分枝角度大，叶大，平展。果实大，整齐，橙色，皮稍厚，果实含糖量高，含酸量中等，风味浓，品质优；11月下旬至12月上旬成熟，一般不易浮皮，但成熟后久留不采，仍会浮皮。丰产，隔年结果严重。大津4号为高糖系普通温州蜜柑，成熟晚，风味浓，品质好，适宜鲜食和加工，为晚熟温州蜜柑中的优良类型。

（2）贡柑　贡柑（图1-16）起源于广东四会，乃宽皮柑橘与甜橙的自然杂交种。树体开张，树冠半圆形，枝梢细长，略稀疏，刺少。花粉极少。贡柑果形圆球形或卵圆形，单果重120g左右，果径60～65mm，果皮橙黄色，果皮光滑具有光泽，果皮薄，较易剥离，果肉橙黄色，肉质细嫩，化渣，汁中等多，味甜淡，有淡清香味，种子少，单果含7～9粒，可溶性固形物含量为10.5%～12.5%，100ml果汁含柠檬酸0.35g、维生素C 12.8～18.4mg，可食率达76.7%～79%以上。果实12月上中旬成熟，不甚耐储藏。贡柑植株生长稍缓慢，产量偏低，耐寒性弱，但该品种具有清甜可口的特点，目前有一定规模的商业种植。

（3）瓯柑　瓯柑（图1-17）主产于浙江温州及永嘉、瑞安、平阳等县市。树形矮小，树冠圆头形，开张，枝条长而粗，有短刺，具下披性。果中等大，瓯柑果实倒阔卵形，通常横径6.5～6.7cm，纵径5.3～7.7cm，单果重93～143g；果顶部平钝或平，浅锅底状凹入，有印环或不明显，果面具光泽，较平滑，橙黄色；油胞大小不等，密、平生或微凹。皮易剥离，质韧且柔软，海绵层松软，橘络较多。果肉橙红色，酸甜，味淡

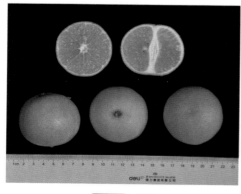

图1-16　贡柑

图1-17　瓯柑

带苦，通常果实可溶性固形物含量为9%，100ml果汁含可滴定酸0.56%、转化糖7.38%、还原糖4.13%、维生素C 35.28mg，可食率68.8%，出汁率为51.7%。种子较少，每果4～7粒，肉质柔软多汁，清甜可口，具有祛热生津、化痰止咳、清凉解毒等功效。果实11月下旬成熟，耐储性强。本品种为浙江温州特产，其他地区栽培不多。据考证，本种为温州产的古老栽培品种，具早结丰产性。

（4）黄果柑　黄果柑（图1-18）产于四川汉源县、石棉县、名山区。树体强健，半开张，树冠自然圆头形，枝梢略粗且硬，有小针刺。叶片长卵状椭圆形。果中等偏大，倒阔卵状，平均横径6.91cm、纵径6.22cm，单果平均重166g；顶部平，略宽，浅锅底状凹入，柱痕小；果基钝圆或平圆，蒂周围有5～7条短而浅的放射状沟纹。果面深橙黄色，有光泽，较粗糙，油胞大，突出，凹点小且深，布于全果。果皮包着较宽松，较脆，易剥离，囊壁较薄，果肉细嫩，汁多，较化渣，酸甜味浓，无核，品质优良。可溶性固形物含量为12.2%～13.8%，100ml果汁含柠檬酸

图1-18　黄果柑

0.78～0.97g、全糖7.85～10.97g、维生素C 34.57～36.75mg，出汁率为55.7%～58.2%。果实2月下旬成熟，黄果柑具有耐寒性强、果实晚熟、无核、质优、丰产稳产等特点，可在生产中推广发展。

（5）岩溪晚芦　从福建长泰县岩溪镇选育出的优质晚熟椪柑（图1-19）。该品种树势强，树冠椭圆形，树姿直立。果实扁圆形，单果均重145g，果顶较平，果皮包着较紧，果面橙黄色，果心较小。果实平均横径7.13cm、纵径5.52cm，肉质脆嫩化渣，风味浓甜，具香气，品质佳，糖度高，可溶性固形物含量为13.63%～15.1%，100ml果汁含可滴定酸0.93%、总糖13.46%、还原糖6.32%、维生素C 33.70mg，可食率75%～78.6%，出汁率41%，单果种子数7粒左右。该品种成熟晚，比普通芦柑晚熟60天左右，一般1月下旬至2月上旬成熟。岩溪晚芦早结、丰产性状明显，果实耐寒性较弱，在冬季温度较低的地区发展，落果较多。岩溪晚芦保持了芦柑固有的优质、丰产特性，品质突出，晚熟性状稳定，适应性强，适宜在福建、广东、广西、云南等南方柑橘产区栽培种植。

（6）台湾椪柑　台湾椪柑（图1-20）属大果形椪柑芽变品种。树势强，枝梢成枝力强，树姿直立，果实高扁圆形，果形高桩美观，果顶微凹，有数条放射状沟纹，果基微凹，有沟纹。果实大，平均单果重180g，果实平均纵径7.0cm、横径为8.1cm，果肉橙红色，糖度高，可溶性固形物含量为12.5%～13%，100ml果汁含酸0.47%、维生素C 33mg。品质优

图1-19　岩溪晚芦

图1-20　台湾椪柑

良，风味浓甜，肉质脆嫩化渣。种子极少，每果有种子3～5粒，果实12月下旬成熟。台湾椪柑适应性强，早结、丰产，果实耐冻性较差，适宜在年均温度18℃以上的地区发展种植。

图1-21 茶枝柑

（7）茶枝柑　广东地方良种，原产广东新会，是中药陈皮的正宗原料品种。别名大红柑、新会柑、四会柑等（图1-21）。树矮生，灌木状小乔木，树冠高圆头状或圆锥状，分枝多且低；枝梢细长略软，密集，近无刺或无刺。叶片密，形小较狭窄。果实扁圆，纵径4.5～5.1cm，横径6.2～6.8cm，单果重85～115g；顶部平，基部平圆或钝圆，蒂周围有4～8条明显或不甚明显短而浅放射沟；果面较平滑或较粗糙，橙黄色；油胞大小不甚整齐，微凸或平生。果皮包着松，质脆，易剥离，海绵层软且松，橘络较少；中心柱较大，空虚；果肉嫩，较硬，汁较多，果渣较少，酸甜，较爽口，有特殊甜香味。可溶性固形物含量为11%～12%，100ml果汁含柠檬酸0.71～0.82g、糖10.1～11.3g、维生素C 27.7～32.68mg，可食率74.8%～75.8%，出汁率52.5%～54.9%。种子多，每果10～23粒。11月中旬至12月上中旬成熟，不耐储藏。茶枝柑具有很高的药用价值，其皮薄柔软，色鲜味香，具有化痰、止咳、祛风、祛湿之功效。其核有理气止痛之功，常用作医治疝痛。果肉酸度低，品质中等，有特殊香味，常食用可清热润肺、化痰止咳。

（8）蕉柑　主栽于广东潮汕一带。树冠圆头形，略开张，叶片较狭，长椭圆状或卵状椭圆形。果实高扁圆形至亚球状或短椭圆形，果型及大小不甚整齐，果顶狭平或圆钝，部分有明显或不明显印环或凸环；果基略狭平。果实横径5.3～7.5cm，纵径5.0～7.15cm，单果重一般105～150g，面橙色或浓橙色，较粗糙，油胞细密、微凸或突起。果皮包着紧实，尚易剥离。果肉深橙色，柔嫩，汁多，味浓、酸甜，渣极少，有微香，口感浓厚，品质优良。可溶性固形物含量为9% ～ 11%，100ml果汁含糖7.5 ～ 10.5g、柠檬酸0.4 ～ 0.95g、维生素C 29.5 ～ 39.4mg，可食率67.5% ～ 70.5%，出汁率45.7% ～ 52.8%。种子每果1 ～ 8粒。果实12月下旬至翌年1月成熟。耐储运。蕉柑对气候环境条件要求较严，适宜在年积温较高、肥水条件好的地区种植，目前以粤东、闽南、桂南及台湾种植为多，果品质量也佳。

20世纪下半叶，广东从普通蕉柑群体中选育出一批果实整齐度较高、果型偏大、质优少核、早结果、丰产稳产的新株系。如白一号蕉柑、新一号蕉柑、南三号蕉柑、85-2蕉柑、孚优选蕉柑等。

3. 杂柑类

（1）不知火　清见与中野3号椪柑杂交育成。树势较弱，幼树树姿较直立，进入结果期后开张。枝梢密生，细而短。叶略小，翼叶较大。花多为单花，有花粉，但花粉量较少。果实倒卵形或扁球形（图1-22），单果重200 ～ 280g，果形指数1.00左右，果形和果实大小不

图1-22　不知火

太整齐，果梗部有突起的短颈，果皮较粗糙，黄橙色，果皮易剥离，有椪柑香味。果肉橙色，肉质脆嫩化渣，酸甜可口，风味浓郁，无核。可溶性固形物含量13% ～ 14%，可滴定酸含量1%左右。果实10月中旬开始着色，12月上旬完全着色，成熟期2 ～ 3月。不知火因果实耐寒性弱，且果实要在树上越冬成熟，因此果实越冬期最好进行避雨栽培，避免果实受冻并减少落果。不知火果皮较脆，储藏期易发生水腐、褐斑病等病害，生产中应注意防治。由于不知火风味好、品质优、丰产性强、成熟期晚、适应性广，深受广大消费者和生产者喜爱，是目前发展较快的晚熟杂柑品种之一。

（2）红美人　日本爱媛县果树试验场育成的柑橘品种（图1-23），又

叫爱媛28号，系南香（♀）与天草（♂）杂交育成。树冠圆头形，枝条较披垂，生长势中等，幼苗期及高接初期易发生徒长枝，表现较直立，结果后逐渐趋于开张。徒长枝节间有长的枝刺发生，并随着树龄增长，逐渐趋于减少。叶片纺锤形，叶色浓绿，翼叶楔形，

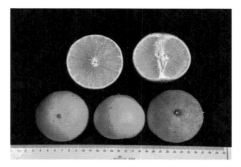

图1-23　红美人

狭窄。果实大，单果均重231g，平均横径7.8cm、纵径6.9cm，果实圆形或卵圆形，果皮薄而光滑，果皮厚约0.17cm，油胞大，较凸，果皮深橙色，果皮色泽近似天草，但比天草易剥离，果肉橙色，细嫩化渣，汁多味甜，品质优良。可溶性固形物含量12%，100ml果汁含转化糖9.33%、还原糖5.16%、可滴定酸0.93%、维生素C 31.50mg，可食率86.83%，出汁率56.16%，品质极优。单性结实能力强，且通常无核。授粉后，种子可达6粒左右，种子单胚。果实早熟，通常9月中旬果实表面开始着色转黄，10月下旬至11月上旬完全着色。由于果皮薄，生产中裂果较多，在干旱夏秋季节，栽培中应注意及时灌水。红美人抗寒性较弱，易发生冻害，在柑橘栽培的北缘地带，作为商品性栽培，应选择适地栽培，或采用保护地栽培的措施。在设施栽培中品质更优，通过设施完熟栽培，果实可在1月上旬采收，可溶性固形物含量比露地栽培高出2%以上，且果皮更光滑、色泽更红艳、肉质更细腻、风味更浓郁。

图1-24　春见

（3）春见　清见与F-2432椪柑杂交育成的杂柑品种（图1-24）。与不知火的亲本组配相同，仅所用椪柑品种不同。该品种树姿直立，生长势中等，树形开张，果实阔卵圆形或高扁圆形，大小较均匀。果皮橙黄色，果面光滑，油胞细密，皮薄，易剥皮，单果均

220g，平均纵径7.40cm、横径7.70cm，果肉橙红色，肉质细嫩多汁，囊壁薄，极化渣，糖度高，风味浓甜，酸甜适口，无核。可溶性固形物含量为12.5%，100ml果汁含可滴定酸0.63%、维生素C 33.38mg，可食率76.38%。11中下旬完全着色，果实12月中旬成熟，可挂树到1月中下旬采收。该品种丰产性较强，但挂树过多会致树势衰弱，果实变小，引起大小年结果，因此生产中应加强树势培育。春见果皮软且易浮皮，耐储运能力较差，是其主要缺点。该品种的田间主要病害有疮痂病、炭疽病，病虫害发生危害程度与椪柑相近。春见属晚熟杂柑品种，果实耐寒性较弱，应在冬季极端温度−2℃以上的地区种植。

（4）天草　天草是清见与兴津温州杂种后代为育种中间母本再与佩奇橘橙杂交而成（图1-25）。树势中等，树冠扩大较缓，幼树较直立，进入结果后渐开张。枝梢密度中等偏密，枝叶呈丛生状。有花粉，可育，但自交不育，单性结实强，隔离种植一般无核，若有其他品种混栽，则种子较多。果实扁球形，果皮橙红色，与佩奇橘橙相同，着色早，12月中旬着色。单果重200g左右，大小较整齐。果皮硬，包

图1-25　天草

着紧且较薄，因此剥皮稍难，果面光滑（同佩奇橘橙），油胞大而稀，果皮和果肉有克里曼丁红橘的气味。果肉淡橙色，肉质柔软多汁，囊壁薄，化渣。成熟期果汁含糖为11%～12%，酸为1%左右。果实12月下旬至翌年1月下旬成熟，品质优，风味好。天草对溃疡病的抗性与温州蜜柑相同或稍弱。衰退病引起的茎陷点病发病轻至中度。天草属于易栽培的丰产品种，结果过多会使树势衰弱，因此疏果是保证果树持续丰产的基础。天草减酸较慢，冬季低温会引起落果，因此天草适宜暖地栽培。果皮在采收后易褪色，对商品外观有一定影响，必须采取防范对策。

（5）春香　春香（图1-26）属橘柚类杂柑，树势中等，树冠开张，枝条较硬且直立，上具刺，节间较稀，叶片菱形，边缘锯齿缘。果实卵圆

形，果顶具明显印痕。果皮柠檬黄色，皮粗糙，果皮较厚，但易剥离，果皮具有清新的香气。果重220～250g，果肉淡黄色，肉质细软化渣，汁多，含糖13°左右，酸度极低，风味良好。无核，12月中旬成熟，春香挂树储藏能力较强，通过挂树延迟采收，可大幅提高果实品质。春香丰产性、稳产性、适应性、抗病性较好。由于丰产性较强，生产上要通过提高树势来获得持续丰产，由于果实品质特殊，春香可在我国柑橘产区适量发展种植。

（6）丽红　又名口之津32号，系（清见×恩科尔2号）×默科特杂交育成（图1-27）。该品种树势中等，树冠较直立，圆头形。枝条上具有小刺，叶片披针形，中等大，深绿有光泽。果实扁圆形，果皮色泽深橙红色，光滑，外观美观。果实包着紧，但易剥皮，果实较大，单果平均重230g，果肉浓橙红色，含糖14°左右，刚采时含酸1.1%，经储藏后风味极佳，无籽，果实12月下旬成熟，常温下可储至3月下旬不浮皮。

（7）濑户香　濑户香系（清见×恩科橘）×默科特杂交育成（图1-28）。树势中等偏弱，枝梢上有刺，随树龄增大刺渐退化。果实扁圆形，外观美观，果皮橙黄色、光滑，果皮包着紧，果皮薄而好剥，手感紧实有弹性。果大，单

图1-26　春香

图1-27　丽红

图1-28　濑户香

第一章　柑橘设施生产概述及主栽品种

果重200g左右，大小整齐，香气浓郁，肉质柔软，风味浓，近无核。含糖为13°左右，酸0.8°～1°，果实11月中旬着色，1月上中旬成熟，特耐储藏，储后风味尤佳，对溃疡病、炭疽病抗性较强。

（8）晴姬　晴姬（图1-29）属于杂交柑橘品种，系日本果树试验场兴津支场于1990年用E-647（来源于清见与奥赛奥拉橘柚杂种）与宫川温州蜜柑杂交获得。该品种树势中庸，树姿直立、开张，叶尖急尖，具有甜橙的血缘，而花瓣形态类似温州蜜柑，花瓣白色，5瓣，雄蕊19枚，花药退化，无花粉，花柱高于雄蕊，花柱直立，该品种单性结实良好。果实扁圆形，果均重180g，果皮橙色，厚约4cm，果皮软易剥皮。中心柱空，果肉浓橙色，囊瓣数11～14瓣，汁多，囊瓣膜薄而柔软，具有甜橙风味，食味良好，可溶性固形物含量10%，减酸早，酸度较低，成熟时可滴定酸含量为0.52%，100ml果汁含维生素C 30.89mg，可食率72.5%，出汁率45.12%。种子数1~2粒，无核，种子卵圆形，单胚。果实在12月上旬至中旬完全着色，成熟期12月上旬。该品种由于具有温州蜜柑的血缘，因此可溶性固形物含量偏低，导致风味较淡，果实过熟后易出现浮皮枯水，耐储性较差。同时耐低温能力也较弱，后期落果较多。优点是该品种早结丰产性较强，坐果率高，果肉柔软多汁，具有橙类的风味，果酸较低。该品种对疮痂病抗性较强，而对溃疡病的抗性中等。

（9）沃柑　沃柑（图1-30）综合性状优异，树势强健，果实扁圆形，橙红色，果皮较光滑，果皮包着紧，但剥皮较容易，平均单果重130g，果肉细嫩化渣，汁多味甜，可溶性固形物含量为13%，100ml果汁含转化

图1-29　晴姬

图1-30　沃柑

糖12.68%、还原糖6.84%、可滴定酸0.58%、维生素C 23.69mg，可食率74.62%，出汁率59.56%，固酸比22.4，品质极优。种子数9～20粒，单胚。果实挂树时间长，采收期从1月中旬至3月下旬，由于上市时间长，可有效避免由于大量柑橘果品集中上市带来的市场风险。该品种丰产性强、抗病、抗逆性强，冬季不用喷施保果剂，也极少落果，栽培管理容易。沃柑是一个晚熟、优质、高糖、易剥皮的杂柑品种，适宜在国内适栽晚熟柑橘品种的地区发展种植，在光热条件好的地区种植，不仅果实变大且品质更优，深受消费者欢迎，显示出良好的经济效益。

（10）少核默科特　来源于默科特树的实生后代（图1-31），我国在2001年通过"948"项目引入。该品种属晚熟易剥皮宽皮柑橘，树势中等，幼树较直立，结果后开张，叶色浓绿。果实扁圆形，果面具光泽，成熟后果面为浓橙红色，果皮厚约0.42cm，皮薄易剥离，白皮层呈粉红色。平均单果重146g，果实平均横径7.1cm、纵径5.4cm，果形指数0.76，种子数7粒。可溶性固形物含量为10.7%，100ml果汁含还原糖3.94g、转化糖9.75g、可滴定酸0.96g、维生素C 25.35mg，可食率69.80%，出汁率58.2%。少核默科特具有高糖、低酸、果实酸甜爽口、细嫩多汁的特点，但在热量条件较差的地区种植，囊壁化渣性较差，果实成熟期1月下旬至2月中旬。该品种具有早结、丰产稳产、果实外观漂亮、内质优良的特点，适宜在热量较高的地区种植发展。

（11）默科特　又名茂谷柑，系宽皮柑橘与甜橙的杂交种（图1-32）。该品种树势中等，树形较直立，树冠圆头形。果实中等大，扁

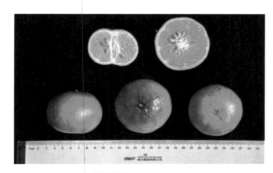

图1-31　少核默科特

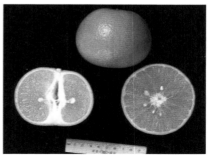

图1-32　默科特

圆形，均匀整齐，果皮薄而光滑，果皮橙色，包着较紧，不如其他宽皮柑橘那样易剥皮，但皮较韧，也容易剥开。果皮厚0.13～0.21cm，平均单果重200g，果肉橙红色，果汁多。可溶性固形物含量为14.5%～16.3%，100ml果汁含柠檬酸0.6%～0.9%、维生素C 23.76mg。酸甜适中，风味极浓，为高糖晚熟品种。种子平均6～14粒。果实11月初着色，2月初成熟，可挂树延长收获至3月，品质极佳。该品种果实较硬，耐储藏，但由于果皮薄，树冠顶部的果实易受风害、日灼和冻害。该品种品质优良，具有明显早结、丰产等优点，但有明显的大小年倾向。

（12）晚蜜1号　晚蜜1号（图1-33）是中国农业科学院柑橘研究所以尾张温州蜜柑为母本，与薄皮细叶甜橙（S8）杂交的后代中选育而成。主要特点：树势中等，枝叶浓密，枝梢健壮。雄性高度不育，无核。果实扁圆形，单果重129g以上，平均纵径5.3cm、横径6.4cm，果顶广平，果面橙红色，油胞细密、凸生。果皮包着较紧，剥皮较温州蜜柑难，果皮中等厚，果肉橙色，肉质细嫩化渣，多汁，甜酸适度，无核。可溶性固形物含量为11.8%，100ml果汁含转化糖9.8%、可滴定酸1.05%，品质上乘。果实11月中旬转色，1月下旬成熟，该品种适应性强，丰产稳产，果实耐寒，留树越冬一般无需采取保果措施。

（13）濑户见　濑户见（图1-34）是以清见为母本，吉浦椪柑为父本育成的杂种后代。树势较直立似椪柑，枝条长而直立。果实圆球形，果皮

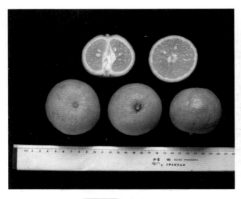

图1-33　晚蜜1号

图1-34　濑户见

橙黄色，油胞大而凸出，较粗糙。果皮易剥离，单果均重180g，果实平均横径7.6cm、纵径6.62cm，果肉橙色，肉质脆嫩，囊壁薄，细嫩化渣，汁多味甜，品质优，糖度高。可溶性固形物含量为13%，100ml果汁含可滴定酸0.89g、维生素C 34.20mg，无核。与有花粉的品种混栽后，种子数可达14粒。果实2月中旬成熟，濑户见与不知火相比，果皮更光滑，果基部亦无颈状突起，果实更美观。

（14）金秋砂糖橘　金秋砂糖橘（图1-35），又名中柑所5号，是中国农业科学院柑橘研究所于2006年以红美人为母本，以砂糖橘为父本杂交育成。树势开张，节间长度短，春梢叶片大小约7.1cm×3.6cm，形状为卵圆形，叶缘为锯齿状，翼叶小或无。花中等大，属于完全花，花柱弯曲，花

图1-35　金秋砂糖橘

粉呈淡黄色。果实大小约为4.6cm×3.8cm，重50g～100g。可溶性固形物（TSS）约14.5%，可滴定酸为0.32%，无核，自交不亲和，混栽有少量种子，果面橙红色，果皮薄而细腻，果皮韧性弱，剥皮容易。果肉橙色，细嫩化渣，风味纯甜。成熟期为10月下旬，是早熟品种，适宜在江西、湖南、湖北、广西、云南、浙江、福建、贵州、四川、重庆、上海、陕西种植。

（二）甜橙类

甜橙是世界上栽培最多的柑橘类型。根据其特征特性的不同，可分为普通甜橙、脐橙（果顶有孔如脐，内有小果瓣囊露出）、血橙（果面红色，果肉呈紫红色）、夏橙（春季开花，次年夏季采收）等几种。夏橙是甜橙中最晚熟的一类品种，是加工橙汁的重要原料品种，我国广西的荔浦、四川江安、重庆长寿等地是夏橙的主要产地。脐橙因果顶有脐而得名，其果实酸甜可口、无核，主要用于鲜食。脐橙品种繁多，目前的主

栽品种有纽荷尔、清家、纳维林娜、奉节72-1、晚棱、朋娜等品种，我国江西赣南、重庆奉节、湖北秭归、四川金堂和眉山、湖南新宁、广西富川等地均是脐橙的主要产地。血橙起源于意大利，因冬季低温使果实花青素积累而使果皮和果肉呈现紫红色，血橙酸甜可口，多数品种无核，目前的主栽品种有塔罗科血橙、脐血橙等，四川资中、重庆长寿等地栽培较多。普通甜橙包括锦橙、雪柑、梨橙、冰糖橙、新会橙、改良橙、暗柳橙等众多品种，这些品种品质优良，是重要的鲜食类柑橘品种，这些品种具有明显的地域特点，比如重庆江津锦橙和北碚447锦橙、湖南麻阳冰糖橙、福建闽清雪柑、湖北秭归桃叶橙、广东廉江红江橙、重庆渝北梨橙等均是知名的普通甜橙品种。甜橙果皮中含有橙皮苷、柚皮苷等黄酮类物质，果肉中含有较高的维生素C、类胡萝卜素、果胶、纤维素等物质，因此常吃甜橙可以防止血管脆化，并有防癌效果。

1. 夏橙

夏橙是甜橙中最晚熟的一类品种，通常树势较强，丰产性突出。由于果实成熟晚，冬季落果也较严重，因此夏橙适宜种植在冬季气温较高的南方柑橘产区，果实挂树到翌年4月，此时花果相遇，甚是美丽。春季气温回升也常使果皮出现返青现象。夏橙挂树时间长，果实品质优良，往往是鲜食和橙汁加工的重要原料品种，主栽品种有伏令夏橙、奥林达、康贝尔、阿尔及尔、蜜奈、路德红、江安35号等品种。

（1）奥林达夏橙　原产美国加利福尼亚，从伏令夏橙实生苗中选出，1978年开始引进我国。该品种（图1-36）树势强旺，树姿开张，枝条粗壮，多小刺。果实圆球形，单果重150g左右，果皮深橙色，较光滑；肉质细嫩，较化渣，酸甜适中，有清香，少籽，单果平均含种子4～5粒，果汁风味和平均单果重均优于伏令夏橙，品质中上，加工制果汁品质优，为加工果汁的迟熟优良品种。果实可溶性固形物含量为11%～12%，可滴定酸含量0.9%～1.2%，可食率69%，出汁率45%。果实12月底上色，4月下旬至5月成熟。该品种丰产性强，但冬季落果也较重，为防止冬季落果，目前生产中多采用2,4-D进行采前保果。

图1-36 奥林达夏橙

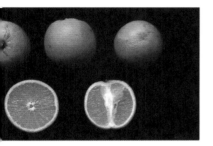

图1-37 红夏橙

图1-38 蜜奈夏橙

（2）红夏橙　又名路德红夏橙，为伏令夏橙的芽变（图1-37）。我国于2000年由美国引进。该品种树势中等，树形与伏令夏橙类似，果实圆球形，中等大，果面较光滑，橙红色，色度比普通夏橙深。单果均重160g，果肉颜色深橙色，肉质比伏令夏橙更脆嫩化渣，质优，适加工制汁，可溶性固形物含量为12.2%，100ml果汁含可滴定酸1.19%、转化糖7.67%、维生素C 65.85mg，种子数6粒，少核，可食率70.4%，出汁率50.4%。4月下旬成熟。该品种果肉色深、品质好、丰产性较强，可作为晚熟鲜食和加工甜橙品种在热量较高的地区发展种植。

（3）蜜奈夏橙　蜜奈夏橙（图1-38）起源于南丰，为伏令夏橙的早熟芽变类型。我国于2000年由美国引进。该品种树势强，枝条粗壮，多刺，叶片较肥大。果实椭圆形或球形，果较大，单果均重170g，果皮橙色，较光滑，果肉细嫩化渣，汁多味甜，风味浓郁。可溶性固形物含量11%，100ml果汁含可滴定酸1.10%、转化糖7.9%、维生素C 52.38mg，种子数2粒，无核，可食率69.7%，出汁率50.7%。4月中旬成熟，比一般夏橙早熟20天。该品种果实较大、肉质细嫩化渣、品质好、丰产性较强、成熟较早，可作为晚熟鲜食和加工甜橙品种在热量较高的地区发展种植。由于该品种对低温敏感，在非适宜区发展种植，冬季落果十分严重，因此冬季需要注重保果。

2. 脐橙

因果顶有脐而得名。树势通常较夏橙弱，花粉多败育，导致无核，果实品质优良，肉质细嫩化渣，酸甜可口，果实主要用于鲜食。由于加工后有苦味，不能用于加工制汁。根据成熟期的不同，常分为早熟脐橙（朋娜、丰脐、汤姆逊）、中熟脐橙（纽荷尔、纳维林娜、清家、白柳、华盛顿脐橙）和晚熟脐橙（奉节晚脐、晚棱、鲍威尔）等品种。

（1）奉节72-1脐橙　奉节72-1脐橙（图1-39）系华盛顿脐橙的选优株系，主产于重庆奉节及邻近的云阳、巫山、巫溪等县。奉节72-1脐橙树势中等偏强，树冠圆头形，果面光滑，果皮橙色或橙红色，果形椭圆形，单果重185～250g，果肉深橙色，中心柱大而不规则，充实，果肉多汁，肉质脆嫩化渣，酸甜可口，可溶性固形物含量为11.6%，100ml果汁含转化糖7.23%、还原糖4.57%、可滴定酸0.89%、维生素C 45.2mg，无籽，可食率73.38%，出汁率47.62%，果实11月下旬成熟。奉节72-1脐橙具有树势强、果形美观、肉质脆嫩、品质优良、丰产性强等特点，在长江三峡库区表现良好，为该地区发展的主要脐橙品种。

（2）纽荷尔脐橙　纽荷尔脐橙（图1-40）由华盛顿脐橙变异而来。我国于1979年从美国引进。现在赣南、湘南、桂东北、鄂西等地为主要产地。该品种树势中等，树冠圆头形，枝条节间较短，叶色浓绿色。果实椭圆形或长椭圆形，果皮浓橙红色，果面光洁艳丽，单果均重220g，肉质脆嫩化渣，风味芳香浓郁，无核，多汁，可溶性固形物含量高达

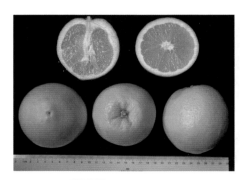

图1-39　奉节72-1脐橙

图1-40　纽荷尔脐橙

12.5%，100ml果汁含转化糖8.73%、还原糖5.25%、可滴定酸0.64%、维生素C 45.2mg，可食率74%，出汁率55%。成熟期12月中旬，纽荷尔脐橙适宜在雨量充沛、热量丰富、光照充足、无霜期长的地区种植，目前在江西赣南、广西富川等地栽植较多，是我国重要的中熟脐橙品种。

（3）红肉脐橙　原名CARA CARA（图1-41），为华盛顿脐橙的芽变，20世纪80年代在委内瑞拉被发现。该品种物候期与其他品种相类似。在湖北的成熟期为12月上旬，最大的特点是果肉为均匀的红色，着色色素为番茄红素，与血橙色素的花青素不同，一般枝条的木质部和维管束

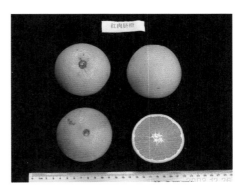

图1-41　红肉脐橙

也略带红色。有时在同一株树上，有的枝条木质部是正常的白色，但是不影响果肉的红色。果实大小200g左右，果形为近球形，闭脐。该品种发枝能力较强，如果不注意适当疏枝，容易出现枝条纤细，果实变小，甚至影响着果。有的地方表现出果实较小现象，注意疏果，以保证果实大小。成花能力较强，萌枝能力也较强，所以注意前期的保果。该品种的耐储性较好，储藏一段时间后，有特殊的香味。在湖北秭归的试验表明，果实可以留树保鲜到3月，仍然保持应有的硬度和风味，在没有霜冻的地方可以作为晚熟品种栽培。该品种适合在脐橙产区种植。注意选择积温较高的地方种植，高温有利于红色形成。应注意保果，春季发枝太多时，可以适当疏枝，以提高着果率和克服果实较小的问题。

（4）晚棱脐橙　晚棱脐橙（图1-42）系华盛顿脐橙的晚熟芽变。晚棱脐橙生长势强健，树冠自然圆头形，枝梢上具有短刺。果形端正，果实椭圆形或圆球形，单果均重190g，果实平均横径6.7cm、纵径5.7cm，果形指数0.85，果皮较光滑，橙色，油胞细密，微凸。果基平，果顶尖圆，多闭脐，脐较小。果皮包着紧，果皮厚约0.45cm，白皮层白色，

图1-42 晚棱脐橙

囊瓣9～11瓣，成熟后中心柱半空，中心柱大小1.25cm×1.05cm，果肉橙色，汁胞细长，囊壁较薄，果肉脆嫩化渣，汁多味甜。可溶性固形物含量为13%，100ml果汁含转化糖12.68%、还原糖6.84%、可滴定酸0.87%、维生素C 24.42mg，固酸比14.9，可食率71.9%，出汁率47.6%，无核。该品种成熟期3月上旬以后，果实挂树时间长。

3.血橙

起源于意大利，因冬季低温使果实花青素积累而使果皮和果肉呈现紫红色。血橙酸甜可口，多数品种无核。血橙品种有塔罗科血橙新系、摩洛血橙、脐血橙、红玉血橙等。

（1）塔罗科血橙新系　塔罗科血橙新系（图1-43）原产意大利，目前是我国推广的优良晚熟甜橙品种之一。塔罗科血橙新系树势较强，枝条上具刺。果实高扁圆形，果皮光滑、薄，成熟后果皮带紫红色，果实较大，单果重约180g，肉质细嫩化渣，汁多味甜，果肉带紫红色，无核，品质极优，成熟期1月中旬。塔罗科血橙新系且具有成熟期晚、果实硬度较好、便于储藏运输等特点。

（2）脐血橙2号　脐血橙2号（图1-44）是中国农业科学院柑橘研

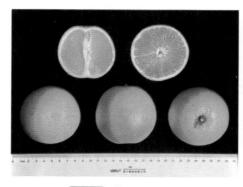

图1-43 塔罗科血橙新系

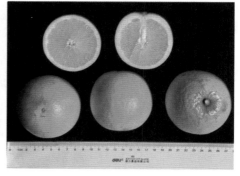

图1-44 脐血橙2号

究所国家柑橘资源圃从脐血橙实生后代中选出的优系，定名为脐血橙2号。该优系树势中等或稍弱，树冠较直立，发枝力强，有丛生性，几无刺。叶片细长，长椭圆形或披针形，果实比原品种脐血橙果实更大，果实椭圆形，单果重200g左右，果形端正。果顶圆，微有乳突，花柱宿存。基部浑圆，油胞较小，果面光滑，果皮橙色或橙红色，充分成熟时带紫红色斑纹。果肉深橙色，成熟时带有浅紫色条纹或斑块，果肉血色较浅。肉质脆嫩多汁，化渣，风味甜，甜酸适度，具清香。可溶性固形物含量为11%～12%，100ml果汁含酸1.18%、维生素C 38.34mg，可食部分70.87%，出汁率41.45%，无核，品质上等。2月上旬成熟，丰产，耐储藏。

本品种果实外观美观，品质优良，脆嫩香甜，结果早且较丰产，对溃疡病有强的耐病力，耐寒性强于一般甜橙，为优良中晚熟甜橙良种，在冬季温暖、无严重周期性冻害地区，可成片发展。果实大小不整齐是其不足。

4. 普通甜橙

品种众多，包括锦橙、雪柑、梨橙、冰糖橙、新会橙、改良橙、暗柳橙等品种。

（1）锦橙　锦橙（图1-45）主栽于重庆江津、开县等地，因果形似鹅蛋，俗称鹅蛋柑。树势中强，树冠圆头形，开张，叶片长椭圆形。果椭圆形或长卵圆形，果色橙红、鲜艳，果皮光滑、厚度中等，果肉细嫩化渣，酸甜适度，味浓汁多，微具香气。可溶性固形物含量达11%～12%，100ml果汁含维生素C 45mg，果实可食率72%，果汁多。种子7粒左右。锦橙是适宜鲜食和加工的品种，果汁颜色鲜艳，果实可挂树到1月下旬采收，对延长加工时间具有重要意义。在20世纪70年代，通过群众选种和辐射育种，从锦橙中选得许多优良无

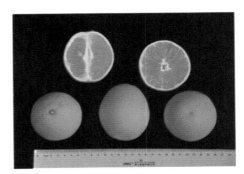

图1-45　锦橙

核单株，如铜水72-1、开陈72-1、北碚447、晚锦橙、春橙、中育7号等众多品种。

（2）冰糖橙　冰糖橙（图1-46）是我国自主选育出的低酸甜橙品种，亲本来源于湖南黔阳实生新会橙的后代。目前主栽于湖南麻阳、洪江，云南玉溪等地。冰糖橙树势中等，树冠圆头形，果实圆球形、中等大小，果皮橙红色、较光滑，单果均重158g，果实平均横径6.93cm、纵径5.98cm，果皮厚约0.45cm，果肉色深，橙黄色至橙红色，肉质脆嫩化渣，味浓甜或浓甜微酸，无核或无核。可溶性固形物含量为12.6%～16.3%，100ml果汁含可滴定酸0.54%，维生素C 50.44mg，可食率79.01%，出汁率61.69。该品种风味浓甜，低酸，品质优良，丰产，抗逆性强，是我国重要的鲜食甜橙品种，果实12月中旬成熟。冰糖橙在热量光照条件较好的地区发展品质更优。目前湖南麻阳已从普通冰糖橙中选出了红皮大果的锦红冰糖橙、锦玉冰糖橙等品种。

图1-46　冰糖橙

（3）红江橙　红江橙主产于广东廉江，该品种来源于新会甜橙与福橘的嫁接嵌合体，因而具有甜橙和橘类的风味。红江橙果皮薄、光滑，果实较大，单果均重165g，果肉橙红色，色泽艳丽，果肉汁多化渣，味纯清香，甜酸适中，风味独特。可溶性固形物占12%～15%，出汁率59.6%，100ml果汁含全糖11.3%、柠檬酸0.85%（固酸比14∶1）、维生素C 45mg，可食部分占77%。果实成熟期在11月下旬至12月中旬。

5. 酸橙

酸橙（图1-47）是类型较复杂的一类杂交柑橘类型，通常为宽皮柑橘与柚的天然杂种，但也含有宽皮柑橘与香圆或香橙的杂种，因其果实味酸而得名。酸橙与甜橙相比，果皮稍厚至甚厚，难剥离，表面粗糙或

柑橘高产优质栽培与病虫害防治图解（第二版）

有皱襞，橙黄色至朱红色，油胞大小不均匀，油胞多凹凸不平。果肉味酸，有时有苦味或兼有特异气味；种子多且大。酸橙常被广泛用作柑橘砧木，其优点是根系发达，树龄长，耐旱、耐寒、抗病力强。但酸橙做砧木不抗柑橘衰退病，因此目前在生产中已很少采用。生产

图1-47 酸橙

上常取酸橙幼果作为中药枳实及枳壳利用，目前生产上栽培酸橙多为药用。比如湖南沅江、重庆铜梁等地栽培的酸橙，主要用作中药枳实及枳壳。代代是酸橙的一种，因果实挂树时间长，故名代代，因花芬芳，常用来熏茶制作代代花茶。

6. 柚类

柚是柑橘属植物的一个基本种，对于柚是否起源于我国曾经存在较大争议，主要缘由是我国未发现有柚的野生种群，但是在我国云南红河、元江一带发现的红河大翼橙，证实了我国是柚的起源地之一。在云南资源调查中发现的苦柚，再次证实了我国柚类资源在云南的遗传多样性。柚类原产于我国及东南亚，栽培分布极广，品种类型极多，主要包括普通柚和葡萄柚两种。其中普通柚又包含众多品种，如沙田柚、琯溪蜜柚、玉环文旦、晚白柚等。柚树体高大，花、叶、果均大，果皮厚耐储藏，有天然罐头的美誉。柚子营养价值很高，其柚皮苷可降低血液黏度，能够预防脑卒中和血栓的发生。柚子果肉中含有类胰岛素成分，更是糖尿病患者的理想保健果品。我国柚类栽植历史悠久，有文献记载的可追溯到4000年前的《禹贡》，由于长期的种植历史加之地理隔离，形成了东南沿海、内陆、云南三大地理分布，其中东南沿海的柚类品种有楚门文旦柚、琯溪蜜柚，内陆的柚类品种包括沙田柚系列、梁平柚，云南的柚类资源极其丰富，品种如东风早柚、越南小甜柚等。

葡萄柚是柚类与甜橙的天然杂种，最早发现于西印度群岛的巴巴多

斯岛，果实较小，果皮光滑，味道酸苦，因结果成串，类似葡萄而得名。浙江常山胡柚果实外形似葡萄柚，但没有葡萄柚的酸苦味，较易为消费者接受。葡萄柚根据果肉颜色的不同，可分为红肉和白肉两种类型，品种包括马叙、星路比、火焰、瑞红、鸡尾等品种，这些品种均为国外引入。葡萄柚果实汁多、糖度低而带有苦味，是比较好的减肥降脂果品，具有重要的药用价值和保健功能，最新的研究表明葡萄柚中的抗氧化剂柚苷配基对于Ⅱ型糖尿病的治疗效果明显。但食用葡萄柚时不能与药物一同食用，原因是葡萄柚能与多种药物发生相互作用，显著增强药物的作用时间和强度。

（1）琯溪蜜柚　福建省平和县传统名贵柚类品种，琯溪蜜柚（图1-48）树势强健，树冠半圆形，叶色浓绿，果实大，倒卵形，一般平均纵径15.6cm、横径14.5cm，单果均重1600g；果面黄色，光滑，油胞稍平；果皮薄，海绵层白色。果实中心柱大，空虚；汁胞纺锤形，晶莹透亮，交错排列，淡黄色，无核或少核；果肉柔软多汁，化渣，酸甜适口，味芳香，品质佳。采收期10月下旬至11月上旬，可溶性固形物含量12%，100ml果汁含全糖9.17～9.86g、可滴定酸0.734～1.01g、维生素C 48.93～51.98mg，酸甜适口，化渣。琯溪蜜柚成熟后应适时采收，过熟或久储则囊瓣开裂，汁胞裸露，并有部分汁胞发生"粒化"，影响品质。

（2）红肉琯溪蜜柚　红肉琯溪蜜柚（图1-49）是琯溪蜜柚的红色优良芽变单株，具有丰产优质、成熟早、汁胞红色等优良性状。红肉琯溪蜜柚幼树较直立，成年树半开张，树冠半圆头形。果形倒卵圆形，单果

图1-48　琯溪蜜柚

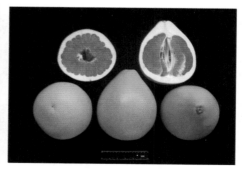

图1-49　红肉琯溪蜜柚

均重1580g，果皮黄绿色；果基尖圆，果顶广平、微凹、环状圆印不够明显与完整；果皮薄，囊瓣数13～17瓣，有裂瓣现象，汁胞红色，果汁丰富，风味酸甜，品质上等。可溶性固形物含量11.55%，100ml果汁含总糖8.76%、可滴定酸0.74%、维生素C 37.85mg。红肉琯溪蜜柚与琯溪蜜柚一样，具有果大皮薄、无核、果肉细嫩化渣、多汁、风味酸甜可口等优良特点，同时果肉红色具有极高的保健和商品价值。

（3）东风早柚　东风早柚（图1-50）来源于柚实生变异，因选自西双版纳东风农场且果实成熟早，故名。该品种树势强，幼树期较直立，结果后开张。果实阔倒卵形，果皮黄绿色，单果均重1100g，果肉黄白色，肉质细嫩化渣，风味纯正，酸甜可口，多汁，无苦麻味，种子多且小。可溶性固形物含量12.5%，100ml果汁含转化糖7.2%、可滴定酸0.93%、维生素C 60.3mg，可食率56%。该品种成熟早，10月中旬可采收上市，田间栽培表现丰产稳产，适应性强，品质优良。

（4）沙田柚　沙田柚（图1-51）原产于广西容县，后各地广泛引种，目前国内种植较广，在广东、江西、四川、重庆、浙江、湖南等省多有栽培。沙田柚树势强健，树冠高大直立，结果后树形开张。叶片长椭圆形，果实呈梨形或葫芦形，果形较整齐，端庄美观，果皮鲜黄色。果顶柱区具环沟状印迹，果基部渐狭，具颈，蒂部凹入。果皮厚1.5～1.8cm，海绵层白色，不易剥离。中心柱充实，汁胞披针形，细长，淡黄白色，脆嫩，汁液较少，味甜，无酸或少酸。果汁含可溶性固形物含量16%，100ml果汁含可滴定酸0.46%、维生素C 127mg，每果含种子60～120

图1-50　东风早柚

图1-51　沙田柚

粒，种子楔形。果实11月上旬成熟采收，果实品质优，耐储。沙田柚自花授粉结果差，为获得丰产，一般需要配置授粉树，或进行人工授粉。沙田柚在各地通过实生播种，产生诸多新品系，如四川长寿沙田柚、江西斋婆柚、梅县金柚等。

（5）龙安柚　龙安柚（图1-52）从四川广安区龙安乡的实生柚树中选出，是极具特色的地方柚类名品。该品种树势中等，树姿半开张，树冠圆头形。枝条粗壮而软。叶片椭圆浓绿，翼叶倒卵形。果实中大，长圆锥形或梨形，果顶凹，印圈较明显，果皮黄橙色，平均单果重1298.2g。果肉粉红色，肉质脆嫩化渣，酸甜适度，汁多，微有苦麻味，无核或少核。可溶性固形物含量11.5%～12%，100ml果汁中含转化糖8.3%、可滴定酸0.93%、维生素C 62mg。果实11月中旬成熟。该品种品质优良，风味独特，耐储运，具有丰产、稳产等优点。

（6）楚门文旦　别名玉环柚，原产于浙江玉环市楚门半岛上的楚门镇，迄今已有100多年的种植历史（图1-53）。果实扁圆形或高扁圆形，果顶浅凹，蒂部凸起，果皮黄色或橙黄色，光滑，色泽艳丽且富含香味。花具有自交不亲和性，成片种植无核。单果重约1500g，果肉蜡黄色，晶莹透亮，软糯多汁，甜酸适口，脆而无渣，味浓甜有清香。可溶性固形物含量12%，100ml果汁中含转化糖9.64%、可滴定酸0.67%、维生素C 56.8mg，可食率在56%。果实10月下旬成熟，耐储运。文旦柚果实营养丰富，风味独特，具有较高的营养价值，除生食外，果皮可制蜜饯、果

图1-52　龙安柚

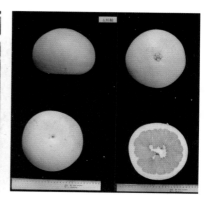

图1-53　楚门文旦

皮糖、提取芳香油，果肉可加工粒粒汁、原汁等饮品。

（7）垫江白柚　又名黄沙白柚、曾家白柚，是从重庆垫江县黄沙乡黄沙村曾家湾的实生柚中选出（图1-54）。已有180多年的栽培历史。垫江白柚树势强健，树冠高大，枝条粗壮。叶片长椭圆形，中大，叶面微皱，翼叶心脏形。果实倒卵形，单果重约1250g，果顶端广浅凹或深凹，具模糊印环或无。果蒂周围具有数条放射状短沟或浅沟，果面较粗糙至粗糙，果皮橙黄色。果皮厚约1.7cm，海绵层质地疏松，白色，中心柱大而空，果肉黄白色。可食率51.2%，出汁率46.8%，100ml果汁含糖8.3～9.5g、柠檬酸0.85～0.90g、维生素C 51.4～54.0mg，可溶性固形物含量为10.9%～11.3%。果肉质脆嫩、汁多化渣，酸甜味浓，口感清甜浓厚、品质上等。每果种子65～98粒。果实10月下旬至11月上旬成熟，耐储性差。该品种耐涝耐寒，适应性广，但生产上需配置授粉树，方能获得高产稳产。

（8）梁平柚　产于重庆梁平区，已有200多年的种植历史，为我国优良柚类品种（图1-55）。梁平柚树势中等偏弱，树冠开张，呈自然圆头形。枝梢粗短，无刺或刺极短，果实扁圆形，果顶凹。果皮薄且光滑，色泽金黄，单果重1000～1500g，油胞细，气味芳香浓郁。果肉淡黄白色，肉质脆嫩化渣，风味甜，稍带苦麻味。可溶性固形物含量为14.1%，100ml果汁含糖9.8g、酸0.21g、维生素C 111.7mg，可食率67%，果汁率40.7%，种子数118粒。果实11月上中旬成熟，耐储藏。梁平柚果皮香气浓郁，肉质细嫩化渣，风味浓甜，品质上等，是久负盛名的全国名柚之一。

图1-54　垫江白柚

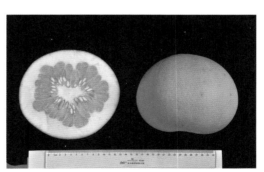

图1-55　梁平柚

（9）星路比葡萄柚　星路比葡萄柚（图1-56）是哈德逊种子辐射诱变产生的红肉葡萄柚。该品种树势中等偏弱，树冠圆头形，枝叶浓密。果实以内膛结果为主，果实圆球形，果面光滑有红晕，油胞细密凸出，单果重约250g，果心充实，白皮层粉红色，果肉深红色，汁胞细软多汁，味酸带苦味，无核。可溶性固形物含量为9.6%，100ml果汁含糖6.28g、酸2.28g、维生素C 39.18mg，可食率69.36%，果汁率43.19%。果实12月中下旬成熟。

（10）瑞红葡萄柚　瑞红葡萄柚（图1-57）为红马叙的辐射诱变系，红肉葡萄柚类型，树势较星路比葡萄柚强，果肉颜色与星路比葡萄柚相当。果实圆球形，中等大小，单果重190～250g，果皮光滑，上有红晕，品质与其他葡萄柚相似，可溶性固形物含量10%，100ml果汁含转化糖6.08%、可滴定酸1.56%、维生素C 36.74mg，可食率63.42%，果汁率50.34%。果实无核，12月中下旬成熟。该品种丰产性和早果性均不及红马叙葡萄柚和星路比葡萄柚，适宜在热量较高的地区种植发展。

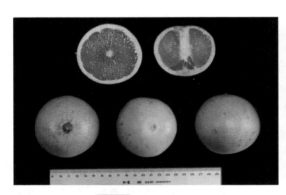

图1-56　星路比葡萄柚

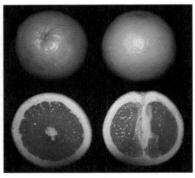

图1-57　瑞红葡萄柚

（11）鸡尾葡萄柚　鸡尾葡萄柚（图1-58）非真正的葡萄柚类型，而是低酸柚（CRC 2240）与Frua温州蜜柑杂交而成。该品种树势较强，树冠开张，枝条上无刺。果实高扁圆形，大而美观，果皮橙黄色，皮薄而光滑，皮厚约0.40cm，易剥皮。单果重约520g，果心空，果肉暗橙黄色，汁胞细软多汁，风味浓甜，无葡萄柚的苦味。种子较多，单果种子数在25粒左右。可溶性固形物含量为11.9%，100ml果汁含转化糖10.0%、可滴定酸0.73%、维生素C 34.35mg，可食率79.53%，果汁率53.31%。果实12月中下旬成熟。该品种果大美观，味道甜而多汁，早结丰产性状明显，耐寒性强，种植区域比葡萄柚更广泛，可在热量较低的地区发展。

（12）胡柚　胡柚（图1-59）原产浙江省常山县胡家村，系柚与宽皮柑橘的天然杂种。树势较强，树冠圆头形，果实美观，呈圆球形或高扁圆形，果皮黄色艳丽。果实大小适中，单果重300g左右，果顶平，微凹，基部平圆。果肉细嫩化渣，质地软，多汁，甜酸适中，余味略苦，风味别具一格。其可溶性固形物含量为10%，100ml果汁含可滴定酸0.87%、维生素C 38mg。单果种子数变异较大，隔离种植环境下无核。果实11月上旬成熟，胡柚储藏性较强，在自然条件下可储至次年4～5月，且储后风味变浓，品质更佳。胡柚具有耐瘠、耐寒、耐储、风味独特等显著特点，在浙江衢州市常山已形成较大规模的生产基地。

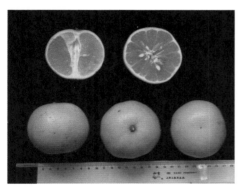

图1-58　鸡尾葡萄柚

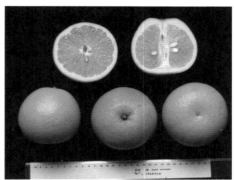

图1-59　胡柚

（13）奥罗勃朗柯　又名甜柚、青柚，为2倍体低酸甜柚（CRC 2240）与4倍体白肉葡萄柚杂交选育的3倍体无核柚杂种（图1-60）。该品种树势中等，树冠圆头形，开张。果实美观，呈扁圆形，果皮光滑，油胞稀疏且平，色泽淡黄绿色。由于果实降酸早，未待

图1-60　奥罗勃朗柯

果实完全转黄即可采收，故名青柚。果实大小适中，单果重325g左右，果顶平，微凹，基部平。果皮厚约0.98cm，稍难剥皮，果心充实，白皮层白色，囊瓣数15瓣，果肉黄白色，肉质细嫩多汁，风味甜，余味微苦，无核。可溶性固形物含量10.0%，可滴定酸含量0.87%。果实10月中旬可采收上市。本品种丰产性强，与葡萄柚相比，成熟早，含酸低而甜度高，苦味轻，深受市场欢迎。该品种可在我国热量较高的南亚热带和中亚热带地区适量发展。

7. 枸橼柠檬类

本组包括枸橼、柠檬、来檬、黎檬等类型，其中佛手为枸橼的变种。

（1）枸橼 是喜热的柑橘属植物，为柑橘属植物的三个基本种之一，主要分布于云南、四川等地。枸橼树冠开张，枝条横向生长性较强，叶片厚，长椭圆形，叶柄几无翼叶或翼叶很小，花大，有花序，花瓣着紫红色，一年多次开花，果顶多有乳头状突起，种子多为单胚。由于果皮香气浓郁，枸橼是非常理想的庭院种植观赏植物。其中变种佛手，因果实似手指而得名，也是非常有名的观赏植物。由于枸橼是单胚，因此变异类型较为丰富，尤其是云南南部地区的枸橼（图1-61），不仅种类多样，而且类型也十分丰富，并还有与柚、柠檬的天然杂种分布。

图1-61 云南大香橼

（2）柠檬 系枸橼与酸橙的天然杂种，原产东南亚，现主要产地也种植美国、意大利、西班牙和希腊，我国四川安岳、云南德宏等地也种植柠檬。柠檬嫩叶及花芽带紫红色，翼叶仅具痕迹，叶片椭圆形，长8～14cm，宽4～6cm，顶部通常短尖，叶缘有明显锯齿缘，单花腋生或少花簇生。常有单性花，即雄蕊发育，雌蕊退化；雄蕊20～25枚或更多。果实椭圆形或卵圆形，两端狭，顶部通常较狭长并有乳头状突出，果皮厚，黄色，难剥离，富含柠檬香气的油点，囊瓣8～11瓣，汁胞淡黄白色，果汁酸至甚酸，种子小，卵形，种皮较平滑，子叶乳白色，通常单胚或兼有多胚。花期4～5月，果期9～11月，柠檬是柑橘类中最不耐寒的种类之一，适宜于冬季较暖的地方栽培。柠檬果实中富含维生素C和柠檬酸，果皮油胞中有具特殊香味的柠檬油，成长充分后不待黄熟即采收，果实耐储运。柠檬除鲜食外，还可制作各种饮料和提取柠檬油等，因其味极酸，肝虚的孕妇最喜食，故称益母果或益母子。果实通常用作上等调味料，用来调制饮料、菜肴或制作化妆品及药品。

① 尤力克柠檬（图1-62）：树势强健，树冠圆头形，枝条粗壮，刺少而短小。新梢、嫩叶和花蕾均带紫色。花大，总状花序，少有单生花，一年四季能多次开花结果，但以2～3月开花结果最多。果实较大，单果重158g左右，果实为长椭圆形，顶部有乳状凸起，基部钝圆。果皮黄色，较厚而粗，香气浓。果肉白色，柔软多汁，味极酸，可溶性固形物含量为9.5%，100ml果汁含可滴定酸6.7%、维生素C 58mg，果汁多，出汁率35%。尤力克柠檬除鲜食外，也是加工精油的重要原料，其出油率可达7.4‰，该品种早结丰产，且稳产，是我国当前栽培面积最大的柠檬品种。

② 北京柠檬（图1-63）：柠檬杂种，在重庆万州、广东等地栽培较多，广西、四川、浙江、台湾等地有零星种植。树势较一般柠檬弱，树体矮小，主干不明显，树冠圆头形，新梢、嫩叶和花蕾均带浅紫色。叶片椭圆形，翼叶狭。果中等大，卵圆形，单果重约136g，果顶圆，顶端

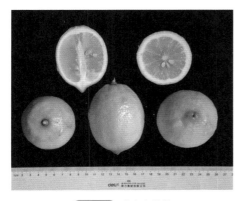

图1-62　尤力克柠檬

图1-63　北京柠檬

有极浅乳头状突起，果基部圆，有浅颈。果面黄色、光滑，油胞小，平生，果皮厚约0.31cm，剥皮难，果肉浅橙白色，肉质细软，酸味不强，有芳香。单果种子数16粒，多单胚，子叶淡绿色。可溶性固形物含量为8%，100ml果汁含转化糖3.61%、可滴定酸4.34%、维生素C 23.92mg，果汁多，可食率70.61%，出汁率46.3%。果实11月下旬成熟。北京柠檬汁多味酸，可鲜食，也可加工制汁。但其果实香气不浓，酸度偏低，品质不及尤力克柠檬。由于适应性广、丰产稳产，故仍有一定生产价值。

（3）来檬　因果肉绿色或淡绿色，又叫绿檬（图1-64）。来檬在我国海南、广东、云南南部等地有种植。果实较小，果圆球形、椭圆形或倒卵形，直径通常4～5cm，果顶有短的乳头状突出，果皮薄、平滑、淡绿黄色，油胞凸起，果肉绿色或淡绿色，瓢囊9～12瓣，果肉味甚酸；种子小且少，卵形，种皮平滑，子叶乳白色。来檬是世界柑橘类水果中的四大主要栽培种之一，因果肉酸味颇强，富含维生素C，因此常于制作饮料或调味品。

8. 香橙类

除柠檬外，另有一类香酸类柑橘，目前在我国主要用作柑橘的砧木，比如四川的资阳香橙，但在日本、韩国等国，香橙类品种栽培广泛，知名品种如Yuzu（日本香橙，图1-65）、卡波氏等。由于香橙果皮香气浓郁，肉质细软多汁，果胶丰富，在日本、韩国常用其果皮、果肉加工成果酱，香橙是制作柚子茶的正宗原料。研究表明香橙果皮、果肉中的成分具有明显的保健功能，对降低血糖有一定的疗效。目前我国已开始加大香橙类品种的

图1-64　比尔斯来檬

图1-65　日本香橙

柑橘高产优质栽培与病虫害防治图解（第二版）

栽培种植。

日本香橙为宜昌橙与宽皮柑橘天然杂种，树体耐寒性较强，冬季有落叶习性。树体直立，树势较强，结果后树体开张。枝条具长刺。果实扁圆形，果顶平，柱区周围具有凸环，果皮粗糙，色泽黄色艳丽，皮厚约0.72cm，宽松易剥，油胞不明显，果皮凹陷点清晰可见。果皮香气浓郁，具有舒缓解郁的功效。单果重约120g，果心半空，白皮层白色，囊瓣10瓣，果肉浅黄白色，肉质细软，果胶丰富，汁胞短，果肉香气浓，味酸。种子数34粒，种皮光滑，多胚。可溶性固形物含量为8.8%，100ml果汁含转化糖3.22%、可滴定酸5.83%、维生素C 60.99mg，可食率50.89%，出汁率29.14%。该品种香气浓郁，果汁不仅是调味佳品，也是制作柚子茶的道地原料，本品种对疮痂病较敏感。

9. 金柑类

金柑是我国原产，其果实较小，果实圆形，果皮不易剥离且肉质化，因此在食用时可带皮食用，金柑不仅是重要的观赏果树，其果肉味甜而略酸，也是很好的保健食品。金柑中含有多种维生素和矿物质，具有理气补中、消食化痰的功效，尤其对咽炎、高血压病、心血管疾病有良好的疗效。我国广西融安、浙江宁波、福建云霄、江西遂川等地均有种植。金柑属植物含有三种一变种，分别为金弹、罗浮、罗纹、金豆，其中金豆主要野生分布于湖南、江西南部以及福建云霄等地，金弹是比较重要的栽培类金柑植物，全国有名的产区包括广西融安、湖南、福建、浙江等地。罗浮因果实椭圆形，又名牛奶金柑、金枣。金柑的杂种有四季橘，主要用于观赏栽培，其中广东、四川等地种植较多。

（1）金弹　又名金橘、金柑（图1-66），在江西遂川、广西阳朔、浙江宁波、湖南浏阳、福建三明等地种植广泛。树势弱，圆头形，枝叶浓密，6月中旬开花，一年可多次开花。果实圆球形，果小，果皮色泽金黄，肉厚皮薄，味美微酸，芳香悦人。可溶性固形物含量13%，可滴定酸含量0.8%，可食率≥95%。果实成熟期10月下旬至11月下旬。金弹果实除鲜食外，还具有较高的药用价值，由于树干短小秀丽，枝叶郁翠，是理

图1-66 金弹

图1-67 罗浮

想的盆景装饰。

（2）罗浮 又名金枣、牛奶金柑（图1-67），我国原产，分布广泛，除福建云霄有一定的栽培面积外，其他地区尚无集中产区。树势弱，圆头形，叶片长椭圆形，先端尖。6月中旬开花，一年可多次开花。果实倒卵状长圆形，果皮橙色，肉厚皮薄，味偏酸。可溶性固形物含量12.3%，可滴定酸含量1.8%，可食率≥95%。果实成熟期11月中下旬。罗浮品质不如金弹，因此栽培面积较小。由于果实挂树时间长，是理想的盆景装饰树种。

柑橘高产优质栽培与病虫害防治图解（第二版）

第二章

柑橘苗木繁育

健康的柑橘苗木是柑橘产业发展的重要基础。许多柑橘生产国家，如美国、日本、巴西、意大利、西班牙等，最早在20世纪中期，就开始执行苗圃注册制度、注重消毒处理、细化管理程序、提升苗木质量、专款扶持苗木生产等，保障了柑橘产业的良性发展。近年来，随着我国柑橘产业的迅速壮大以及国家检疫性病虫害的危害越来越重，柑橘苗木繁育及苗木质量安全越来越受到我国各界的重视。以期通过柑橘苗木繁育环节，加速品种更新换代、提升苗木品质、抑制病害传播、规范繁育体系等。

一、育苗基地的选择与规划

根据中国柑橘学会苗木分会统计，截止到2011年，我国国家级和省级苗圃达97个。另外，由少量企业、专业合作社、个体自建柑橘苗圃仍大量存在。育苗圃的杂乱无序将成为我国柑橘事业发展的障碍。因此，育苗基地的选择与规划成为柑橘苗木繁育的重要环节。

（一）柑橘育苗基地的选址

1. 育苗基地的评估

柑橘育苗基地具有专一性、独特性和长期性，而且投资较大。因此，育苗基地建设与否和规模多大，需根据当地柑橘产业发展整体规划，由政府和（或）企业、相关具有资质专业单位开展柑橘基地选址评价，并由专业单位撰写育苗基地可行性报告和风险评估报告，最终确定育苗基地的建设及内容。

2. 育苗基地的选址

柑橘危险性病虫害会随着风力、雨水及动物的迁移或人为携带进行传播侵染，所以育苗基地与现有的果园原则上要有一定的隔离，或应首选在无检疫性病虫害地区。育苗基地如果建在柑橘黄龙病发生区，如平原区，要求周围2～3km无柑橘类植物；有山岗、大河、湖泊等自然屏障的地区，要求周围1.5km以内无柑橘类植物。在疫区，无病苗繁育应有简易防虫网室或较高的防虫网屏障保护，防虫网进出口具有缓冲隔离间。在柑橘溃疡病发生区，苗圃地周围1km以内应无柑橘类植物。

育苗基地应选择在交通方便、人流量较少的相对独立的地块。同时要有充足的水源和适宜的劳动力，无严重的水源污染和空气污染。

我国目前柑橘非疫区育苗基地以露天为主，而疫区育苗基地主要采用网室隔离保存母本树、接穗和苗木；国外则以温室内大棚育苗为主。

（二）育苗基地的规划

育苗基地的规划首要是保障苗木的安全，同时应遵循繁育功能齐备、苗木生长快速、土地使用经济、管理方便等原则进行安排。

1. 功能园圃配置

无病毒母本园、无病毒砧木园、无病毒采穗圃、砧木苗繁殖圃（温室）、苗木繁殖圃等是育苗基地必不可少的几大功能园圃。

无病毒母本园是田间优选单株或引进材料经病害检测或脱毒处理后，确定无裂皮病、木质陷孔病、顽固病、来檬丛枝病、杂色褪绿病、黄龙病、碎叶病、温州蜜柑萎缩病、衰退病、鳞皮病或石果病等病毒及类病毒病害感染的植株栽植的果园。无病毒母本园可单独建立，但与其他果园分离。连续3年具有稳定的园艺性状的品种，即可作为繁殖材料。

无病毒砧木园应根据培育苗木的需要，确定砧木的品种，分单系隔离种植，以免发生杂交变异。

无病毒采穗圃中采穗树的接穗和砧木均来自无病毒母本园和砧木园。根据市场需要品种分区布局，用围墙或绿篱等与其他果园隔离。采穗圃的使用年限为3年。

砧木苗繁殖圃（温室）用于柑橘砧木苗的繁育，一般采用温室，可调控温度和湿度，保证繁育充足的砧木数量。

苗木繁殖圃是柑橘育苗的最大板块，应具备配料场、生产物资（苗木）装卸场、灌溉系统、新苗繁殖区、老苗更新区等，方便管理，提高效率。同时苗木繁殖圃要用围墙等与外界分隔。

几个园圃的常用工具专用，枝剪和嫁接刀在使用于每个品种材料之前，用1%次氯酸钠液消毒。工作人员在进入每个无病毒园圃工作前，用肥皂洗手；操作时，人手避免与植株伤口接触。

如果在柑橘疫区，以上几个园圃均应在大于等于40目纱网构建的网室内进行，每年进行1次国家检疫性病虫害的室内检测。

2. 配套设施

为管理方便，每个园圃应建有管理人员用房、工具房、肥料房、农药房、蓄水池等，苗木繁殖圃还应有种子接穗储存室、仪器设备药剂房等。

二、砧木苗培育和移栽技术

1. 砧木种子的采收和保存

砧木果实转黄即可采果取种，枳种一般堆沤后取种，枳橙、香橙、酸橘等可鲜果取种。种子取出后，用清水搓洗，清除果胶和杂质，摊放于阴凉通风处，注意翻动，待种子阴干后可储藏或装运。

种子短期储藏可将砧木果实直接存放，需要播种时取出种子即可。

2. 砧木苗繁育

砧木是指嫁接时承接接穗的植株。柑橘使用的主要砧木品种（系）有枳、红橘、香橙、枳橙、酸柚、酸橘等。根据繁育品种选择适宜的砧木类型。

砧木繁育的简单链条为砧木品种选择—繁育计划—种子收集—种子储藏—种子消毒—播种基质准备—播种土壤消毒—播种—幼苗管理。

传统育苗的砧木苗繁育以大田撒播（图2-1）为主，现代育苗则以营养土设施播种（图2-2）为主。

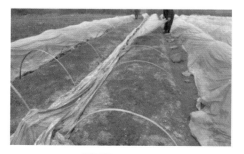

图2-1 大田撒播

大田培育砧木：选择地势向阳、排灌方便、土壤肥沃的地块，施肥、深翻、细化并消毒土壤，平整成1m宽的畦面，畦面中间留浅沟。将消毒过的种子以撒播、条播（图2-3）或点播的方式均匀播于苗床，覆盖2cm左右厚的细沙壤土，浇水。每7～10天检查土壤湿度，以含水量在70%以下为宜。发芽后注意控水、控温，施入消毒药水和0.1%～0.3%的尿素。此后，10天左右补肥和消毒直至砧木木质化后移栽。此方法简单易操作，成本低，单位面积播种量大。但土壤易板结、砧木须根较少、苗期病害多且难控制。

图2-2 苗床营养土撒播

图2-3 温室苗床营养土条播

营养土苗床（播种器）培育砧木：在温室的苗床（播种器）（图2-4）中培育砧木，首先配备育苗基质，主要采用疏松、透气、肥沃的配方基质，我国通常使用的配方是泥炭：河沙：谷壳=2：1：1，或是取用菌渣、锯木面、药渣、椰子壳、苔藓等腐熟的有机质细末或蛭石等进行配比，掌握有机质占50%左右即可。然后将配备好的基质消毒，装入准备好的消毒苗床或播种器。整平、压实，以条播或点播方式播入苗床，每个育苗器中只播入一颗种子。最后用消毒好的基质覆盖在播种好的苗床或播种器内，厚约2cm，浇足水。冬季播种需加盖塑料小拱棚。控制湿度在70%以下，温度在35℃以下。种子萌芽

图2-4 温室播种器播种

后进行消毒并补充0.2%左右的肥料，10天重复1次。国外一般采用2次移栽，第1次10～15cm，第2次30cm左右。砧木移栽需待大多数砧木苗木质化后进行。

种子播种量以每颗种子占9～16cm²为宜，既经济使用土地，又可保证砧木健壮生长。同时砧木生长过程中注意柑橘立枯病、炭疽病、红黄蜘蛛、潜叶蛾等病虫害的防治。

3.砧木移栽

当砧木苗长到15～20cm高且茎秆木质化时移栽，起苗时淘汰根颈或主根弯曲苗、弱小苗和变异苗等不正常苗。砧木移栽一般选择温度适宜的春秋季节，如在可以控制温度的设施大棚，一年四季均可栽植。砧木移栽前1～2天，将育苗床喷淋透水，分级取苗，200株一捆，把根蘸好泥浆水，放置阴凉干燥处备用。

砧木苗装钵通常有两种形式（图2-5）。一是营养土装钵时同时栽苗。将营养钵内装土至合适位置（留下的空位与砧木根的长短相近），将砧木放入钵内，用拇指和食指固定在营养钵中间，边装营养土边夯实，保证砧木根茎处低于营养钵上口2cm，运到田间摆放，浇水、扶苗、补土。二是营养钵内装入合适营养土（土面距离营养钵上口约2cm），运到田间摆放备用。用一长竹片和小铲，在营养钵中间挖一小洞，放入备好的砧木，再将土汇拢压紧，保证砧木苗在营养钵正中间且根茎部与土面齐平，浇水、扶正。

图2-5 砧木苗两种栽植方式

培育大田苗（裸根苗）则根据地势，横向或纵向挖深浅适宜土沟，放入砧木，回填、压实，浇透水。

4. 砧木移栽后的管理

砧木移栽后注意防旱和防涝，适当控水，促进根系生长。7～10天过后不再死苗或弱化苗，10～15天可施入稀薄的水肥，以后每7～10天补肥1次。及时除草并摘除30cm下萌蘖，防治立枯病、柑橘凤蝶、潜叶蛾、红蜘蛛等病虫害。如砧木苗生长过旺，可通过摘心或喷施矮壮素等抑制纵向生长，促苗干增粗。温度适宜，砧木苗生长2～3个月即可达到嫁接标准。

三、柑橘苗木嫁接与培育

柑橘苗木是柑橘产业发展的源头，更是柑橘产业健康发展的基础。柑橘新品种主要是通过培育嫁接苗进行繁殖与推广的。俗话说"桃三李四柑八年"，柑橘的童期很长，前人采用嫁接技术，改变了柑橘的培育方式并缩短了嫁接树的童期。下面从嫁接苗的基本定义、柑橘苗培育技术、柑橘苗木安全性等方面进行阐述。

（一）基本定义

柑橘嫁接苗：特定的接穗与砧木嫁接后培育而成的苗木。通常所说的柑橘苗即无国家检疫性病虫害的合格嫁接苗，且符合GB 5040—2003《柑橘苗木产地检疫规程》和GB/T 9659—2008《柑桔嫁接苗》标准。

柑橘无病毒苗木：除达到上述柑橘嫁接苗标准外，还要求国内已有品种的苗木不带黄龙病（Huanglongbing）、裂皮病（Exocortis）、碎叶病（Tatter leaf）、柑橘衰退病毒茎陷点型强毒系引起的柚矮化病（Pummelo dwarf）和甜橙茎陷点病（Sweet orange stem-pitting）以及温州蜜柑萎缩病（Satsuma dwarf）的苗木。从国外引进的柑橘苗木，除不带上述所列病害外，还要求不带鳞皮病（Psorosis）、木质陷孔病（Cachexia）、石果病（Impietratura）、顽固病（Stubborn）、杂色褪绿病（Variegated chlorosis）和来檬丛枝病（Lime witches' broom）等各种病毒病和类似病毒病害，符合《柑橘无病毒苗木繁育规范》。

脱毒：采用茎尖嫁接或热处理+茎尖嫁接方法，使已受病毒病和类似病毒病害感染的植株的无病毒部分与原植株脱离而得到无病毒植株的过程。

脱毒技术：是对已受裂皮病、木质陷孔病、顽固病、来檬丛枝病、杂色褪绿病或黄龙病感染的植株，采用茎尖嫁接法脱毒；对已受碎叶病、温州蜜柑萎缩病、衰退病、鳞皮病或石果病感染的植株，采用热处理+茎尖嫁接法脱毒。

（二）柑橘嫁接苗培育

到目前为止，我国柑橘嫁接苗的培育方式主要有露天大田苗（也就是裸根苗，正逐渐减少淘汰）、苗床苗（现还有少量应用）、常规容器苗（无国家规定的检疫性病虫害的苗木，目前我国市场上以这种苗木为主）、无病毒容器苗（因操作规范较为严格，现发展应用较少，但已渐成趋势）。

根据我国柑橘苗木繁育的情况，下面主要对如何繁育无病毒容器苗木做一介绍。

无病毒容器嫁接苗繁育技术链见图2-6。

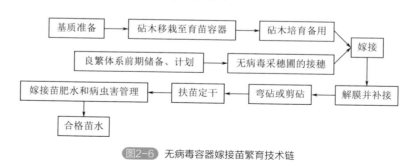

图2-6　无病毒容器嫁接苗繁育技术链

1. 生产物资准备

柑橘无病毒容器苗的繁育是一个庞大的系统工程，各个生产环节节节相扣，缺一不可，因其生长操作受气候条件限制，要保质保量并按时完成繁育任务，前期生产物资准备至关重要。

（1）育苗容器准备及摆放　育苗的容器是黑色聚乙烯塑料桶或塑料袋，一般高度30～35cm，上口10～12cm，下口8～10cm，容器的下部和侧面留有出水孔，国内一般以50～60g的一次性聚乙烯塑料桶为主，国外育苗容器有一次性聚乙烯塑料桶、重复性塑料桶、塑料袋等多种形式。

育苗容器在育苗基地常见的摆放方式见图2-7～图2-10。

图2-7　2-4-8摆放方式

图2-8　1-4摆放方式

图2-9　1-6摆放方式

图2-10　1-2摆放方式

2-4-8摆放方式和1-4摆放方式两种摆放方式主要为国内采用，1-2摆放方式、1-4摆放方式和1-6摆放方式及上架的摆放方式为美国、巴西、阿根廷、南非等国家采用。

（2）培育基质的准备和配制　通常称营养土，俗话说"万物土中生"。土壤是育苗的基础。苗木生长所需要的氮、磷、钾、钙、镁、锌等元素和水分都从土壤中汲取，而且容器育苗为一次性使用土壤，因此培育基质的原材料应就地取材，选择有机质丰富、理化性状好、无污染和病虫草害、成本低廉的材料直接应用和配制。生产上常用的基质原料有草炭（泥炭）、污泥、菌包、蔗渣、椰壳、稻谷壳（灰）、表层土、河沙等。单个容器容积较小，因而要求培养基质土质疏松、通透性较强、酸碱度适宜、排保水良好、有机质含量高等。

目前，我国常用的营养基质配方有以下三种。

① 以草炭为主的配方："草炭"又名"泥炭"，亦叫作"泥煤"，是沼泽发育过程中的产物，形成于第四纪，由沼泽植物的残体，在多水的嫌气条件下，不能完全分解堆积而成。草炭含有大量水分和未被彻底分解的植物残体、腐殖质以及一部分矿物质。有机质含量在30%以上（国外认为应超过50%），质地松软易于散碎，相对密度0.7～1.05，多呈棕色或黑色，具有可燃性和吸气性，pH值一般为5.5～6.5，无菌、无毒、无污染，通气性能好，质轻、持水、保肥、有利于微生物活动，增强生物性能，营养丰富，既是栽培基质，又是良好的土壤调节剂，并含有很高的有机质、腐殖酸及营养成分。但草炭属于不可再生资源，开采后影响生态环境。本配方以草炭、谷壳和河沙（一般细沙即可）为原料，按体积比1：1：1的比例混匀。

② 以菌包（锯木屑）为主的配方：菌包是生产食用菌后的废菌包，它的主要成分为棉籽壳、麦麸、玉米芯等；锯木屑是各种木材加工过程中留下的锯末、刨花粉料。菌包与锯木削一样，需要腐熟发酵，然后与河沙或泥土等各50%比例搅拌混合。这两种材料价格低廉，较容易购买，但需要场地堆置发酵后才能使用。

③ 以污泥为主的配方：近年来，很多研究者结合城市污泥处理，利用动态翻抛发酵技术制成污泥堆肥，与谷壳、河沙按2：1：1或3：1：1比例配比制成柑橘育苗基质。此种配方成本低廉，分解部分生活垃圾，但需要专业的发酵设备和技术，是今后基质的替代品之一。

（3）生产物资和工具的准备　苗木繁育生产前，需准备复合肥、尿素、微量元素等必要的肥料，土壤杀菌和幼苗杀菌剂、防治常见病虫害药、除草剂等，手推车、灌溉水管、铁锹、剪刀刀片、水桶、塑料薄膜、遮阳网等生产工具，其他如砖、竹片、铁丝等备用物资。

2. 苗木嫁接

（1）嫁接前准备　嫁接前应保证砧木没有严重的病虫害，清除杂草，浇灌透水，清除主干上30cm以下的小刺和萌蘖。还需准备嫁接刀、修枝剪、塑料薄膜、粗细磨石、毛巾等。

（2）嫁接时间　栽入营养钵内的砧木达到一定粗度，即离出土面15～20cm处达0.4～0.5cm粗时，便可用来嫁接。温室内的温湿度可以控制，一年四季均可嫁接。四川、重庆等冬季较冷地区，冬末和春季只要温度在12℃以上即可嫁接，可实施切接，夏、秋季腹接，当年愈合，第二年萌发生长快且健壮。云南和广东等冬季温暖地区常年均可嫁接，可视温度确定嫁接方式。

（3）嫁接　无病毒容器苗使用的嫁接接穗均来自无病毒采穗圃，应选择老熟、生长健壮、无病虫害的枝条，剪去叶片备用，接穗以随采随用嫁接成活率高。无病毒苗木嫁接及管理与传统嫁接苗有一定变革。无病毒苗木的嫁接部位高度为15～25cm，春季亦可采用倒"T"字形嫁接，夏秋季用单芽腹接。嫁接前按无病毒操作，手和工具用1%次氯酸钠液或0.5%的漂白粉溶液消毒。嫁接后及时挂上标签，标明砧木、接穗、日期、嫁接人和天气等。

3. 苗木栽培管理

（1）嫁接苗前期管理　苗木嫁接7天后可日常管理施入0.3%的尿素或复合肥，以后每10～15天施入1次0.3%尿素或复合肥。切接的苗木及时除去砧木上萌蘖和接芽抽发的多余的萌芽，当嫁接抽发的嫩芽长到1cm左右，喷预防炭疽病的杀菌剂，每10天1次，连续喷3次。期间注意其他病虫害如蜗牛、红蜘蛛、柑橘粉虱、蚜虫等的发生，直到第一次梢老熟。用刀片解膜，避免伤及苗木。春季倒"T"字形嫁接和夏秋季单芽腹接的苗木，待苗木嫁接20天后，用刀在接芽反面轻划薄膜解膜，把苗圃内所有嫁接苗解膜完成后，统一进行弯砧（把接芽以上的砧木枝干反向弯曲，压放在营养钵上，图2-11和图2-12）促苗木萌发。嫁接后按日

图2-11 绑缚式弯砧　　　　　　　图2-12 自然压条式弯砧

常管理施肥，及时抹掉砧木上萌蘖和接芽抽发的多余的萌芽，病虫害防治见第六章。直到第一次梢老熟，剪掉嫁接口上多余的砧木。剪砧时注意剪口的最低位置要高于接芽的最高部位，剪口平滑。秋季嫁接且冬季温度较低地区，当年嫁接后只进行日常的肥水和病虫害管理，可不进行完砧和剪砧操作，翌年春季，接芽萌发前减去砧木即可。枳壳为砧木嫁接的苗木，只可在温度合适的季节进行剪砧促芽萌发，不适宜弯砧。

第一次嫁接没有成活的砧木集中摆放补接，由于容器苗的单株占有面积较少以及嫁接苗的个体差异，会导致部分苗木萌芽或生长缓慢。因此要及时调苗，让长势一致的苗木分区摆放。鉴于无病毒苗的管理规范，每次更换品种，其操作人员和使用的工具都要消毒。

（2）嫁接苗后期管理　第一次梢老熟后，对砧穗曲折度较大和枝条弯曲较软苗木进行立柱扶苗。立柱材料常用有一定韧性和硬度的竹片、竹竿、铁丝、芦苇秆等，截成80cm长备用。插柱位置离主干不宜太远，大约2cm处，直立稳定的插入营养钵中，用塑料绑缚带捆苗木和立柱，中间留一拇指空隙。随苗木生长而增加捆扎次数，保证幼苗直立健壮。

无病毒苗木一般定干较高，主枝40cm以内不留分枝（图2-13、图2-14）。因此苗木后期管理过程中，要及时除去砧木和第一次梢上发出的萌蘖。视苗木生长状况，抽发的第二次梢只保留一枝。

图2-13 立柱扶正及定干（一）　　　　　　图2-14 立柱扶正及定干（二）

嫁接苗后期生长量较大，应增加施肥次数或提高施肥浓度以增加施肥量。每7～10天施入1次0.5%左右的复混肥（N、P、K以及微量元素），还可根据苗木的生长时节和营养状况，补充叶面肥，以促进枝梢老熟、矫正缺素等。容器育苗的营养供给主要以水肥为主，少量多次，国外一般采用滴灌，我国现阶段以皮管浇灌为主。

此期间常见病虫害有炭疽病、红蜘蛛、潜叶蛾、粉虱、凤蝶和卷叶蛾、蚜虫、斜纹夜蛾、蜗牛和蛞蝓等，具体病害防治方法和使用药剂等请见本书第六章。

（三）苗市（圃）安全管理

在无病毒苗木的培育过程中，我们大多数的管理者注重了苗木繁育过程中的无毒化，而忽略了管理过程的防病措施。管理层面包含政府、科研单位、企业、合作社以及育苗者和苗木使用者，均应严格按照国家制定的相关法律法规、标准和规范执行，保证整个柑橘苗木生产链的无毒化。现阶段我国颁布的苗木方面的管理文件有GB 5040—2003《柑橘苗木产地检疫规程》、GB/T 9659—2008《柑橘嫁接苗》、NY/T 974—2006《柑橘苗木脱毒技术规范》、NY/T 973—2006《柑橘无病毒苗木繁育规范》，各省区还有相应繁育标准或规程。巴西、美国、智利、阿根廷、南非等国家的苗木生产基本上都实行了设施化、无毒化栽培。此外，柑橘种植者不能完全意识到无病毒容器苗对发展现代柑橘生产的重要性，不知晓无病毒容器苗可以带来的长期巨大经济效益，致使苗木管理者贪图短期效益而降低苗木质量（包含安全性），为柑橘产业带来隐患。我国应进一步增强质量和安全意识，加强因地制宜的技术创新，尽快在苗圃管理过程中采取更加强硬的安全保护措施，以保障源头之安全。

国内外育苗机构对无病毒苗圃的管理越来越重视，为避免外来的潜在危害，对进入苗圃的人员和物品（资）防病管理十分严格（图2-15～图2-18）。

图2-15 进入参观苗圃换装并消毒

图2-16 进入园圃消毒池（房）

图2-17 进入园区车辆消毒设备

图2-18 进入园圃前携带器械消毒

近年来，"柑橘良种无病毒三级繁育体系构建与应用"为我国柑橘苗木繁育体系带来重大变革，柑橘良种无病毒三级繁育体系以柑橘无病毒原种库为基础，创建了国家级母本园和采穗圃、省级采穗圃、地方繁育场。品种来源可追溯到任一层级，病害传播随时止于任何一个环节。为我国柑橘产业无毒化发展提供了较强的保障作用，该成果荣获2012年国家科技进步二等奖，具体框架图见图2-19。

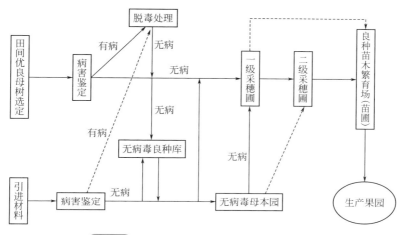

图2-19 柑橘良种无病毒三级繁育体系构建与应用

四、苗木出圃及标准规范

1. 出圃前准备和时期

苗木出圃前挂牌区分砧木和品种，剔除不合格苗木，检查是否有病虫害发生（图2-20），必要时喷洒农药进行治疗。另外苗木出圃前，苗圃管理者应向当地植物检疫机构申请拟出圃品种的检疫（图2-21），并会同植物检疫部门有资质的人员现场登记品种并进行检查。

图2-20 产地检疫现场

图2-21 检疫要求函和检疫证书

无病毒容器苗除冬季气温较低或夏季温度较高时节不宜出圃运输或定植外,其他季节均可运输或定植,容器苗一般采用带钵运输,不需要另外包装,选择晴天无露水的天气装车(图2-22)。

图2-22 装苗运输

2. 合格良种苗木识别

主要从外观和内部两个方面进行考量。

(1)外观考量内容 砧木无萌蘖,嫁接口砧木略粗于嫁接口上部植株。嫁接高度达到15cm以上,嫁接口愈合完全、平滑。主干粗壮直立,且40cm内没有分支(金柑或做盆景等特殊用途的除外)。叶

图2-23 无病毒容器苗良好的根系

色浓绿,各次梢基本老熟,整棵植株没有明显的病虫害危害痕迹。根系完整,须根发达,具活力(图2-23)。不同品种的砧穗组合分级标准请参阅表2-1。

表2-1 柑橘嫁接苗分级标准(GB/T 9659—2008)

种类	砧木	级别	苗木径粗/cm	苗木高度/cm	分枝数量/条
甜橙	枳	1	≥0.9	≥55	≥3
		2	≥0.6	≥45	≥2
	枳橙、红橘、酸橘、香橙、朱橘、枸头橙	1	≥1.0	≥60	≥3
		2	≥0.7	≥45	≥2
宽皮柑橘杂柑	枳	1	≥0.8	≥50	≥3
		2	≥0.6	≥45	≥2
	枳橙、红橘、酸橘、香橙、枸头橙	1	≥0.9	≥55	≥3
		2	≥0.7	≥45	≥2

种类	砧木	级别	苗木径粗/cm	苗木高度/cm	分枝数量/条
柚	枳	1	≥1.0	≥60	≥3
		2	≥0.8	≥50	≥2
	酸柚	1	≥1.2	≥80	≥3
		2	≥0.9	≥60	≥2
柠檬	枳橙、红橘、香橙、土橘	1	≥1.1	≥65	≥3
		2	≥0.8	≥55	≥2
金柑	枳	1	≥0.7	≥40	≥3
		2	≥0.5	≥35	≥2

（2）内涵质量识别　苗木或接穗的质量还包含一些隐性因子，如砧穗组合、砧木是否携带危险性病害、营养是否充足等。它们具隐性或潜伏性，必须经过长期栽培观察或室内检测诊断方可确定。柑橘苗木是砧木与接穗（即品种）的有机结合体，砧穗之间的亲和性、互作程度，对柑橘的树体生长、开花早晚、果实品质优劣以及树体的适应性等方面都有不同的影响。砧穗组合方式请参照GB/T 9659—2008《柑橘嫁接苗》。《全国农业植物检疫性有害生物名单》中威胁柑橘生产的柑有害生物包括蜜柑大实蝇、柑橘黄龙病菌和柑橘溃疡病菌，可通过植物检疫部门的产地检疫或室内分子检测确定是否带病虫。无病毒苗木还要求不带碎叶病、温州蜜柑萎缩病、裂皮病等危险性病害，亦可通过分子检测确定并出具检测报告。

五、柑橘引种程序及注意事项

1. 引种程序

柑橘引种是把柑橘品种从一个地区引入到另一个地区进行试栽，通过品种比较试验筛选出适合引入地区栽培的品种，并进行繁育推广的品种选育过程。根据引入地品种的反应，可归纳为简单引种和驯化引种。简单引种指原分布区和引入地区的自然条件差异较小，或由于引种植物适应范围较广，不需要改变遗传性就能适应新的环境条件，或采用一些技术措施，就能正常开花结果；驯化引种是指原分布区和引入地区的自然条件差异较大，或引种植物的适应范围较窄，只有通过逐渐改变遗传性才能适应新的环境。

本章介绍的引种主要是简单引种中直接应用于生产的品种（苗木）调运的范畴。

2. 引种注意事项

（1）品种适应性　同一品种，在不同的地区栽植，会因地形、土壤、温度、雨量、管理不一直而产生很大的差异，如砂糖橘，在四川、重庆等地不能正常转色、果实偏酸，果实品质远远低于广东、广西。一般限制引种的主要生态因子是引入地的温度，包含最低温、最高温、年积温以及成熟季节的昼夜温差等。最好先引种观察试验评价，探索配套栽培措施，然后再大量推广种植。

（2）品种纯度　一个品种会因长期的栽培、外界因素影响而发生一定的变异，或因为管理过程中的不规范操作以及不择手段追求非法利益等原因而引起品种的混杂或品种差错。我们在引种时，一定要选择正规的单位，避免因品种不纯影响种植者的经济效益。

（3）砧穗组合　砧木类型是否与所引品种匹配，是否符合引入地的土壤状况。在识别良种苗木时，砧木和品种同等重要，然而在引种过程中，大家往往注重了品种而忽略了砧穗组合和砧木的适应性。枳适宜酸性土壤，做砧木抗寒，抗（耐）柑橘衰退病、流胶病和黄龙病等，但对裂皮病敏感等，不同的砧木及其组合抗生物逆境、耐非生物逆境、园艺性状等方面均有不同的效果。因此这是引种应注意的方面之一。

（4）危险性病虫害　苗木由于生长时间短，一些病虫害不一定在苗期显现。国家规定的检疫性病虫害是指对受其威胁的地区具有潜在经济重要性但尚未在该地区发生，或虽已发生但分布不广并进行官方防治的有害生物。除国家规定的检疫性病虫害外，还应注意可能对生产影响较大的病毒、类病毒、真菌病害等及其他虫害，必须通过产地检疫。

第三章

柑橘园的建立

一、生态区划

柑橘果树生长发育、开花结果与温度、日照、水分（湿度）、土壤以及风、海拔、地形和坡向等环境条件紧密相关，这些条件影响最大的数温度。即使差异0.5℃的气温有时会出现截然不同的结果。柑橘生长发育要求12.5～37℃的温度。秋季花芽分化要求昼夜温度分别为20℃左右和10℃左右，根系生长的土温与地上部大致相同。过低的温度会使柑橘受冻，甜橙-4℃、温州蜜柑-5℃时会使枝叶受冻；甜橙-5℃以下、温州蜜柑-6℃以下会冻伤大枝和枝干；甜橙-6.5℃以下、温州蜜柑-9℃以下会使植株冻死。高温也不利于柑橘的生长发育，气温、土温高于37℃时，果实和根系停止生长。温度对果实的品质影响也明显，在一定温度范围内，通常随温度增高糖含量、可溶性固形物含量增加，酸含量下降，品质变好。柑橘是耐阴性较强的树种，但要优质丰产仍需好的日照。一般年日照时数1200～2200h的地区均能正常生长。如日照好、热量丰富的华南与日照少的重庆柑橘产区相比，果实糖含量高、酸含量低，糖酸比高。一般年降雨量1000mm左右的热带、亚热带区域都适宜种植柑橘，但由于年降雨量分布不均而常常需要灌溉。我国柑橘分布在北纬16°～37°，海拔最高达2600m（四川巴塘），南起海南省的三亚市，北至陕、甘、豫，东起台湾省，西到西藏的雅鲁藏布江河谷。但我国柑橘的经济栽培区主要集中在北纬20°～33°，海拔700～1000m以下。全国生产柑橘包括台湾省在内有19个省（市、自治区），其中主产柑橘的有浙江、福建、湖南、四川、广西、湖北、广东、江西、重庆和台湾10个省（市、区），其次是上海、贵州、云南、江苏等省（市），陕西、河南、海南、安徽和甘肃等省也有种植。全国种植柑橘的县（市、区）有985个。

二、果园选址

在柑橘园的规划中，首先是通过果园选址，尽量选择有利于果园建设的地形地貌、海拔高度、区域气候、土壤类型、水源、交通和通信等条件。然后对可以人为改变的不利条件进行改造，使之成为优质丰产的高效生态果园。

1. 气候条件

适宜的光、热、水、气等气象条件是柑橘优质丰产的基础。柑橘是多年生常绿植物，适合生长在温暖湿润、冬无严寒、昼夜温差大、光照充足的亚热带气候区。

适宜柑橘栽培的年平均温度为16～22℃，绝对最低温度≥-9℃，1月平均温度≥4℃，≥10℃的年积温在5000℃以上，年日照时数在1200h以上。一些需要强光照的品种，年日照时数要达到1500h以上才容易获得丰产。

宽皮柑橘类的抗寒能力比较强，甜橙类和柚类的抗寒能力比较弱，柠檬类的抗寒能力最差。大多数宽皮柑橘品种可以抵抗-9～-7℃的低温，甜橙类和柚类可以抵抗-7～-5℃的低温。

经过人们千百年的驯化培育，目前的柑橘品种类型繁多，不同的柑橘品种群对气候条件的要求有一定差别。一个柑橘品种，只有栽培在最适宜的气候区内，才容易获得丰产和优质。因此，一个地方在决定发展什么品种时，要了解当地的气候条件，要清楚这个品种对气候条件的要求。如果当地的气候能够满足该品种的要求，则可以发展。柑橘的主要品种群，适宜的气候条件要求见表3-1。

表3-1　不同柑橘品种对气候条件的要求

品种	年平均温度/℃	绝对最低温度/℃	1月平均温度/℃	≥10℃年积温/℃
普通甜橙	17～22	-5	5	5000
脐橙	17～22	-7	≥5	5500
夏橙	18～22	-3	≥10	6500
宽皮柑橘	16～22	-9	≥4	5000
柚类	17～22	-5	≥5	6000
柠檬	≥18	-2	≥8	6000

果实需要越冬的晚熟柑橘品种，如晚熟脐橙、夏橙、血橙和一些杂柑类品种，冬季低温会引起果实大量脱落，这类果园应选在冬季最低温度≥−2℃的地方。

2. 土壤条件

柑橘对土壤的适应性较强，除了高盐碱土壤和受到严重污染的土壤外，各种类型的土壤上一般都能正常生长结果。但是，对通常的栽培来说，要更容易获得高产稳产，则要求土壤质地疏松肥沃，有机质含量最好在1.5％以上，最适宜柑橘生长的土壤是壤土和沙壤土，土层深厚，活土层最好在60cm以上，土壤pH值在6.0～6.5。柑橘对土壤水分比较敏感，过干和过湿的土壤都会对根系造成严重伤害。适宜种植柑橘的土壤，地下水位应在1m以下。

3. 水源与水质

柑橘喜湿润土壤，不耐干旱。我国大部分柑橘产区属于多雨区，年降雨量一般都在1000mm以上。然而，由于降雨时间分布不均匀，时常有季节性干旱出现。根据国内多数柑橘产区的生产实践，在干旱季节，每亩柑橘园50～60m³的可用水源，可以解决一般年份季节性干旱的灌溉问题。对于严重的季节性干旱，每亩果园则需要100m³以上的灌溉水源。

柑橘属于忌盐植物，对灌溉水中的盐分敏感。由于受盐分种类、灌水量、气候、土壤淋溶作用和砧木等多重影响，要确定柑橘灌溉水的盐浓度限量并不容易。根据柑橘对硼、锂、氯等离子很敏感的特点，一般要求灌溉水中的硼离子含量不宜超过$0.5×10^{-6}$，锂离子含量不宜超过$0.1×10^{-6}$，氯离子含量不宜超过$150×10^{-6}$。

对于受到工业污染的灌溉水源，由于污染物种类众多，不同的污染物对柑橘的伤害作用差异很大，在没有试验确定灌溉水对柑橘安全的情况下，不能用于果园灌溉。

4. 空气质量

空气污染对柑橘生长有不利影响，同时也影响果实的食用安全性。柑橘对空气中的二氧化硫、氟化物和一些有机化学污染物敏感。钢铁厂、水泥厂、砖瓦厂、农药厂、化工厂和炼油厂等周围的空气中常含有高浓度的这类物质，这些工厂的周围一般不适宜建设果园。

除空气中的化学污染物外，空气中的粉尘对柑橘的生长结果也有不利影响，即使是泥土类的粉尘物质，其不利影响也是明显的。粉尘覆盖在柑橘叶片和果面上，降低光合作用效率，果实外观质量差。在空气潮湿环境下，覆盖在柑橘树体上的粉尘还会诱发藻类的繁衍，阻碍阳光照射到叶面上，使光合效率进一步降低。因此，在粉尘污染严重的地方，也不适宜建设果园。

5. 海拔与地形

海拔高度对温度的影响很大。通常情况下，海拔高度每上升100m，气温下降0.6～0.7℃。在有冻害的地区，海拔高度的升高，意味着柑橘出现冻害的可能性增加，果实的含酸量也增加。因为年平均温度越低，果实含酸量越高。柑橘果实的着色也与温度有直接的关系，适度的低温（3～10℃）可以改善柑橘果实的着色。超过20℃的温度则不利于柑橘果实着色。

坡度影响光照、温度、湿度、空气流动、水土流失和果园交通等，适宜柑橘种植的地形为6°以下缓坡地或平地。但是，受土地资源的限制，我国大部分柑橘园的选址都在6°以上的坡地。考虑到水土保持和生产操作，果园地块的坡度不宜超过20°。坡度6°～20°的山地、丘陵，建设果园时应修筑水平梯地。

山地的坡向也是果园选址需要考虑的一个重要因素，在有冻害的地区，西向坡和北向坡的冻害出现频率高，冻害也更重，尤其是坡度大、山高的情况下，更是如此。在没有冻害但光照少的地区，北坡也不适宜种植柑橘。但是，在光照充足、太阳辐射强烈的热带和南亚热带，强烈的光照常常引起果实日灼和枝叶热害，山地北坡往往比南坡更适宜种植柑橘。

6. 交通

柑橘生产的肥料、农药用量也比较大，还有喷药、灌溉等农机具，这些都需要机械运输。因此，果园选址时，应该尽量选在交通方便、道路质量较好的地方。在远离公路或机耕道的地方，如果没有能力新建果园到公路或机耕道的机械运输道路，则不宜建大型柑橘园。

7. 其他

（1）风力　微风和小风有利于柑橘园内的空气流动，既可以减少冬季和早春的霜冻，又可以减少夏秋高温对柑橘的伤害，同时减少病虫害的发生。但大风会降低光合作用，加剧土壤水分蒸发而加重干旱，并使果面擦伤。冬季低温的大风加重冻害。强风甚至吹断枝干、吹落果实。因此，柑橘园不适于建在风口地带。

（2）当地的产业规划　柑橘园的选址要符合当地的产业规划要求，已经确定发展其他产业的土地，不宜用来发展柑橘生产。因为柑橘从种植到投产要3～4年，进入盛产期一般需要7～8年。如果种植柑橘后不久，土地又要改作其他用途，则得不偿失。

（3）环境保护要求　柑橘园的建设会在短期内对环境产生一定的毁坏，如修建道路、开挖排水沟和改良土壤。在环境脆弱区，或对环境保护有特殊要求的地方，不适宜建设柑橘园。

三、果园规划

在柑橘园的规划中，首先是通过果园选址，尽量选择有利于果园建设的地形地貌、海拔高度、区域气候、土壤水源和交通通信等条件。然后对可以人为改变的不利条件进行改造，使之成为优质丰产的高效果园。其中，土壤改良、水利系统和果园道路是果园规划的重点。

深厚肥沃的土壤、良好的土壤结构和优的保肥保水与排水性能是柑橘丰产、稳产和优质的前提，也是土壤选择和改良的目标。对柑橘而言，完全适宜其生长的自然土壤极其稀少，即使耕作过的土壤，多数也存在这样或那样的不足。柑橘园的规划，需要尽可能选择适宜的土壤，减少土壤改良的投入。土壤改良则是在保持土壤优良性状的同时，对土壤的不足之处加以改良，使之适宜柑橘的生长。

柑橘园规划强调果园与自然环境的相互协调，最大限度地利用现有的山、水、园、林、路等条件，保留林地、梯地等水土保持系统。土壤改良和规划水利系统时，综合考虑生态环境的保护，减少水土流失，维护生态平衡。主要包括以下几部分。

1. 分区

在丘陵山地果园规划时，由于地形地貌复杂，土壤类型多样，为了方便柑橘的生产管理，规划时要将果园分成若干个作业小区，小区之间用道路、沟渠或山脊等自然条件进行分隔，尽可能做到同一小区土壤、地形和气候基本相同，品种和栽培密度也相同，方便进行生产管理（图3-1）。小区面积不宜过大，一般33333.5m²（50亩）以下。

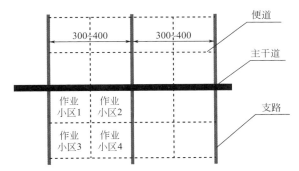

图3-1 平地柑橘园的主干道、支路规划和果园分区（单位：m）

2. 道路规划

柑橘园道路系统由主干道、机耕道和人行道组成，以主干道和机耕道为框架，通过其与人行道的连接，构成完整的果园运输系统。一般果园不靠近现有公路，规模超过$3.3 \times 10^5 m^2$（500亩）的果园要规划主干道，主干道一般路基宽7m，路面宽6m，可同时通过2辆大卡车，转变半径不低于15m，最大纵坡不超过10%，路拱排水坡度3%～4%。机耕道是连接主干道与果园小区的运输道路，一般路基宽4m，路面宽3m，可通过1辆大卡车，转变半径不低于12m，最大纵坡不超过12%，路拱排水坡度3%～4%。人行道是连接主干道、机耕道与果园田间地块的道路，便于果园施肥、打药和果实采摘等生产农事活动，路面宽1～1.5m，主要用于人、三轮车、手推车等的通行。山地果园田间任何一点到最近的主干道、机耕道或附近公路之间的直线距离不超过150m，特殊地段也不超过200m，人行道布局密度为田间任何一点到最近道路之间的直线距离不超过75m，特殊地段也不超过100m。

果园规划时主干道和机耕道尽量避开大型河沟，也免修建桥梁、大型涵洞和保坎（图3-2）。

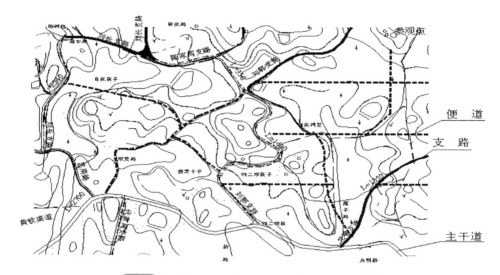

图3-2 丘陵地带柑橘园道路规划实例（重庆市忠县新立）

3. 水利系统规划

柑橘园水利系统主要由排水系统、蓄水系统和灌溉系统组成。

（1）排水系统　排水沟主要有拦山沟、排洪沟、排水沟、背沟和厢沟等类型。主要根据地形，结合田间道路，按就近排泄的原则布置排水沟系统，各级排水沟原则上应沿低洼积水线布设，并尽量利用天然河沟。田间排水沟、背沟等宜相互垂直连接，当地形坡度大时，背沟等末级沟沿地形等高线布设。

① 拦山沟：主要设置在果园上方有较大的集雨面的，拦山沟采用片石、条石或砖混全浆砌结构，规格根据上方汇水大小而定，一般宽度为0.5～1.0m，深度为0.5～1.0m；拦山沟主要沿等高线设置，比降

3‰～5‰（图3-3和图3-4），拦山沟从上而下汇入主干排水沟前每隔40m设置1个沉沙函。

② 排洪沟：排洪沟是果园内的排水主沟，主要汇集果园排水沟、背沟和厢沟的来水，主要在谷底、丘陵底部、坡面的汇水线上，以自然形成的沟渠整治和连通为主，新修段和不牢固的自然段，采用片石、条石或砖混全浆砌结构（图3-5）；具体规格和密度根据汇水面大小确定，田间排洪沟深度在0.8m以上。

③ 排水沟（图3-6、图3-7）：田间排水沟是主要设置在柑橘园地块汇水线上或行间、主干道和机耕道一侧的排水沟。结构主要采用半浆砌片石或泥土结构，若采用条石，上宽0.6～0.8m，底宽0.3m，深0.8～1.2m，比降5‰左右。非低洼地的排水沟和其他人行道旁排水沟，上宽0.4～0.6m，底宽0.2～0.3m，深0.3～0.6m，比降3‰～5‰。用石料砌筑，排水性良好。

砖混结构的要预留足够的排水孔隙，保证土壤排水通畅。

④ 背沟、厢沟（图3-8）：容易积水的地块应修建背沟和厢沟。

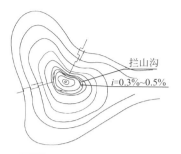

图3-3 柑橘园拦山沟设置示意图

图3-4 柑橘园拦山沟实例

图3-5 柑橘园排洪沟实例

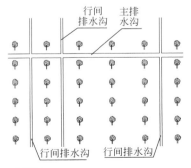

图3-6 柑橘园主排水沟与行间排水沟

背沟离种植的柑橘树干之间的距离要求大于1m。垄畦改土的果园，在行间修筑浅沟（厢沟），排除田间积水。厢沟宽0.6m，深0.5m。

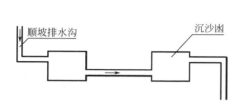

图3-7 顺坡排水沟的水平走向上设置沉沙凼

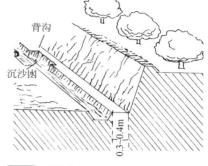

图3-8 梯地背沟、沉沙凼与梯壁间距示意图

（2）蓄水系统 充分利用和修复现有的堰塘、水库等蓄水系统，提高其蓄水能力；根据蓄水池蓄水量、密度和蓄水用水方便的要求，蓄水不足又不能自然引水的片区新建部分蓄水池，形成完善的蓄水设施系统。根据柑橘丰产稳产的要求，一般伏旱年份，每亩柑橘园需要$5×10^4$kg以上的可用水源；在极端伏旱年份，每亩需要$1×10^5$kg以上的可用水源。山地橘园一般修建100m³和50m³的中小型蓄水池，以确保园区有效蓄水量，满足果树抗旱和喷药等生产需要。果园业主可以根据需要在排水沟和道路两侧自建适当密度的1～2m³的小型沉沙蓄水池，以适应果园日常生产中喷药和少量灌溉用水需要以及沉沙蓄水要求。蓄水池一般建在汇水线上或道路和排水沟两侧，沟池相连（图3-9和图3-10）。

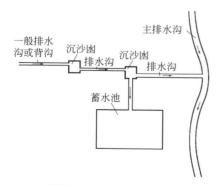

图3-9 柑橘园蓄水池示意图

图3-10 柑橘园蓄水池实例

蓄水池以圆形或矩形表示。蓄水池设置时要兼顾蓄水、沉沙、消能的作用。

（3）灌溉系统 柑橘园灌溉系统主要包括普通灌溉和节水灌溉。普通灌溉又分为沟灌、漫灌、简易灌溉和浇灌等方式，节水灌溉又分为滴灌、微喷、地下渗灌等。

沟灌是水直接流到柑橘园的水沟里或柑橘园的地面。沟灌建设成本低，但耗水量大，要求地势比较平坦，一般只适宜水源充足的平地或梯田。

简易管网灌溉是在果园内铺设一些输水管，在水管上每隔一段距离安一个阀门，干旱时用软水管在阀门接水灌溉。建设成本适中，比较节水，对地形没有严格要求，大小柑橘园都可采用。

浇灌是直接将水浇在柑橘树下，有人工挑水、水沟引水、简易管网供水、移动式水泵抽水浇灌等。浇灌比较节水，建设成本不高，但比较费时费力。

滴灌、微喷（图3-11、图3-12）和地下渗灌是将输水管铺到每棵柑橘树根下，水直接流到每棵树根附近。建设成本高，但是节约水，灌溉效果好，又可以把化肥溶解后通过管道输送到柑橘根附近，配合计算机可以自动灌溉和施肥，省时省力，即使遇到大旱柑橘也能丰收，是目前最好的果园灌溉方法。

图3-11 柑橘园微型喷灌系统（一）

图3-12 柑橘园微型喷灌系统（二）

柑橘园各种灌溉建设费用由高到低为节水灌溉＞简易管网灌溉＞浇灌＞沟灌和漫灌。

4. 土壤改良

柑橘是多年生常绿果树，结果寿命长，产量高，根系发达，需肥需水量大，对土壤比一般大田作物要求高。丰产园土壤要求有机质含量在3.0%以上，活土层60cm以上，土壤质地疏松，pH值5.5～7.0，而一般农田土壤很难达到此要求，因此需要进行土壤改良，简称"改土"，改土就是加深土层、肥沃土壤，调整土壤pH值。

改土方式主要有壕沟改土、挖穴改土、作畦改土、堆置法改土、鱼鳞坑改土等方式。其中壕沟改土、挖穴改土是最主要的改土方式。壕沟改土是在栽一行柑橘树的地方挖一条大沟。优点是改土范围大，不易积水，柑橘容易丰产。缺点是工程量大，成本高。挖穴（大窝）改土是在栽树的地方挖一大窝（图3-13）。优点是工程量比较小，成本低。缺点是改土范围小，容易积水。作畦（作垄）改土是每隔一段距离挖一条排水沟，把土地筑成垄，在垄上种柑橘。

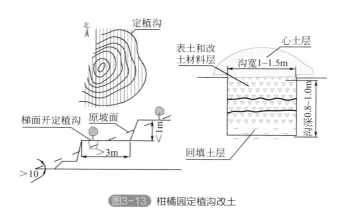

图3-13 柑橘园定植沟改土

水稻田改土：水稻田改土主要是解决果园的排水问题，特别是平地水田。机械施工时每隔5m先挖定植壕沟（图3-14），将表土回填于定植区域（图3-15），回填有机物，形成宽和深各0.8m耕作层土壤带。然后平行定植沟中心线，每隔10m开挖另一条排水沟，排水沟深0.8m，宽0.8m。

丘陵坡地改土：可采用定植穴法和壕沟改土。在坡度小于10%的缓坡和土层较浅的浅丘陵宜采用壕沟改土法，以正南正北方向排列柑橘种植行向，每行规划一条改土壕沟，壕沟宽×深为1.2m×0.8m，土层深度未达到标准的，需要进行爆破改土，取出岩石，尽可能利用表土回填。如果土层较深或坡度较大在20%以下的坡地果园宜采用定植穴改土法（图3-16、图3-17），定植穴长×宽×深为1.0m×1.0m×0.8m，表土和有机物回填于定植穴内。

图3-14 柑橘园定植沟改土实例

图3-15 柑橘园定植沟改土回填

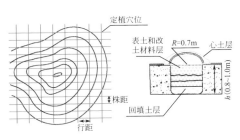

图3-16 柑橘园定植穴改土

图3-17 柑橘园定植穴改土实例

改土所需要的有机物主要有秸秆、杂草、谷壳、畜粪便，禁止使用富含有害重金属的城镇垃圾、煤渣等。

5. 防护林与绿篱

为抵御不良气象因素对柑橘的影响，改善园内小气候，在主干道和支路旁、坡坎地、深切的沟、渠、溪两边和水塘周围种植树、竹等林木，调节果园气候。

有必要时，在果园周围种植铁篱笆等带刺植物（枳和花椒等芸香科植物除外），防止牲畜等入园。此项工作通常由果园所有者确定是否需要。

保留房前屋后的林地和成块的林地，砍掉种植区内的零星竹木。规划区内现有的老、弱、病、残柑橘树和劣质柑橘品种要全部连根挖除并烧毁，现有的优良柑橘品种的健康树可以保留。

6. 生态环境保护

重视果园与自然环境的相互协调，最大限度地利用现有的山、水、园、林、路等条件，尽可能保留林地、草地、山塘等水土保持系统，综合考虑生态环境的保护，减少水土流失，维护生态平衡。

7. 其他

包括收购站、库房、农机房、工具房和提灌站等。库房、农机房和工具房等因示范园主要由园内现住村民管理，暂不设置。规划区内村庄密集，村庄内一般有较大面积的房前坝地，将来可作临时的果实收购站。

四、品种布局

1. 长江上中游加工鲜食柑橘种植区

该区位于湖北秭归以西、四川宜宾以东，是以重庆三峡库区为核心的长江上中游沿江区域。该区域年均温度 17.5～18.5℃，最冷月均温度 5.5℃，年降雨 1300mm 左右，是我国甜橙的生态最适宜区及适宜区，无周期性冻害，适合各类柑橘生长，无黄龙病和溃疡病危害，晚熟品种可以安全越冬。主要以鲜食加工兼用基地、橙汁原料基地和早、晚熟柑橘基地，提高早熟和晚熟比例，促进均衡供应，在云阳以东、秭归以西建设优质晚熟脐橙及杂交柑橘生产基地，鲜果满足国内消费需要，特别是"三北市场"；加工原料满足已经投产的橙汁加工厂对原料的需求。

2. 赣南－湘南－桂北柑橘脐橙种植区

该区位于北纬25°～26°，东经110°～115°，主要包括江西赣州，湖南郴州、永州、邵阳，广西桂林、贺州等地。该区域属于亚热带气候，气候温和，光照充足，雨量充沛。年均温度18℃左右，最低温度为−5℃左右，基本上没有大冻。具有发展甜橙生产的优越自然生态条件和丰富的土地资源，脐橙品质好，在国内外市场上具有明显的质量优势；毗邻珠三角及港澳台地区，距我国传统的出口目的地东南亚距离较近，区位优势明显，该区是亚洲最大的优质鲜食脐橙基地，脐橙鲜果上市期从10月到翌年3月。

3. 浙−闽−粤宽皮柑橘种植区

该区位于北纬21°～30°、东经110°～122°的东南沿海地区，属亚热带季风气候，年均温度在17～21℃，≥10℃的年积温达5000～8000℃，年降雨量1200～2000mm，年平均日照时数1800～2100h。具有发展宽皮柑橘、柚类、杂柑类生产的优越自然生态条件，品种特色明显；橘果质量在国内外市场上具有明显的质量优势，鲜果和橘瓣罐头出口具有一定的规模；毗邻长三角、珠三角、港澳台地区及东南亚，区位优势明显；既是我国柑橘生产最集中的产区，也是经济外向度最高的产区，是世界最大的宽皮柑橘、柚类和杂柑类产业带，温州蜜柑、椪柑和橘瓣罐头出口基地。

4. 鄂西−湘西宽皮柑橘种植区

该区位于东经111°左右、北纬27°～31°，海拔60～300m。该区域有效积温在5000～5600℃，年均温度为16.8℃，1月平均温度5～8℃，绝对最低温度在−8～−3℃。是我国最具潜力的宽皮柑橘鲜食和加工基地，承接了东部发达地区西移的柑橘产业。低山丘陵多，土地资源丰富，具有发展宽皮柑橘的优越自然生态条件。主要栽培温州蜜柑、椪柑、橙类以及少量的柚类。

5. 特色柑橘生产基地

我国有5个区域因其品种及生态条件独特，成为我国柑橘产业中极具特色、不可或缺的柑橘特色基地，即南丰蜜橘基地、岭南晚熟宽皮柑橘基地、云南特早熟柑橘基地、丹江库区北缘柑橘基地和柠檬基地。

五、苗木定植

1. 苗木要求

苗木采用根系发达、无病虫害、生长健壮的无病毒容器苗，有条件的地方最好采用无病毒容器苗。

2. 定植时间

果园建设苗木最佳定植季节在春、秋季进行。冬季改土的果园，应延后至翌年的春季或初夏定植苗木。

3. 栽植密度

柑橘的栽植密度依品种、砧木、土壤类型、改土方式和产品的市场定位等而定。树冠高大的品种，栽植密度要稀，如柚类、夏橙类和血橙类等品种。树冠矮小的品种，栽植密度要适度加密，如特早熟的温州蜜柑和部分杂柑类品种。同一个品种，采用的砧木不同，栽植密度也有所不同。以枳做砧木的柑橘，前期生长速度较慢，可适度提高种植密度。

活土层浅薄的山地、坡地和地下水位高的果园，柑橘根系浅，树冠小，应提高栽植密度。反之，土层深厚肥沃的果园，应提倡稀植。

采用枳橙、枳和红橘做砧木的柑橘种植密度可参考表3-2。

表3-2　主要柑橘品种参考种植密度

品种	土地类型	行距/m	株距/m
特早熟温州蜜柑	坡地或梯地	3.5～4	2～2.5
	平地	4～4.5	2.5～3
宽皮柑橘与杂柑类	坡地或梯地	4～5	3～3.5
	平地	4.5～5.5	3.5～4
甜橙类	坡地或梯地	4.5～5.5	3～3.5
	平地	5～6	3.5～4
柚类	坡地或梯地	5～6	4～5
	平地	6～7	5～6

柑橘高产优质栽培与病虫害防治图解（第二版）

4. 定植方法

按照果园规划初步设计方案和图纸，使用经纬仪或水准仪、标尺和绳子等准备工具，木桩、滑石粉（石灰）等物料，在定植点用滑石粉（或石灰）撒个"十"字标记，并在"十"交叉点插竹竿，树盘中挖定植穴。用双手轻拍营养桶后将树苗从育苗桶中取出，去掉四周表层1cm和底部1/3营养土，理直弯曲根，将树苗放入定植穴中，扶正，根系均匀地向四方展开，填入干湿适度的肥沃细土，填土到1/2 ～ 2/3时，由外往里踩实，再填土和踩实，直到全填满。在树苗周围筑直径0.6 ～ 0.8m的灌水盘，灌足定根水。然后使苗木根颈部高出地面30 ～ 50cm，筑直径0.5m的树盘，防土壤下沉深埋根颈。在多风地带，苗栽植后应在旁边插一支柱，用绳将苗木扶正并固定在支柱上（图3-18、图3-19）。

图3-18 苗木定植示例

图3-19 苗木定植后实例

第四章

柑橘园土、肥和水管理

一、柑橘园土壤管理

（一）覆盖与培土

1. 覆盖

果园地面覆盖，能改善土壤环境、提高土壤肥力、保持表层土壤疏松，抵制杂草生长，防止水土流失，提高柑橘产量和质量。柑橘园覆盖对减轻旱害、冻害和热害效果明显。覆盖果园水分蒸发减少，缓冲土壤水分的干湿交替变化，对减少裂果、促进果实增大和提高产量有明显效果。覆盖按范围分为树盘覆盖和全园覆盖，树盘覆盖在距树干10cm至滴水线外30cm的范围；全园覆盖是只保留距树干10cm的范围不覆盖。覆盖物一般有玉米秆（图4-1）、稻草（图4-2）、树叶、麦秆以及种种杂草等（图4-3）。覆盖时期主要是高温伏旱季节和冬季，早春和晚秋初冬季节一般不进行。

图4-1　柑橘园玉米秆覆盖

图4-2　柑橘园稻草覆盖

2. 培土

培土的主要目的是加厚，增加养分，防止柑橘根系裸露，防旱保湿。培土多在冬季或高温干旱季节前进行，培土前最好先中耕，结合施用基肥改良土壤。坡地果园视水土流失状况，每年或隔年培土1次，可培入无污染的土壤。培土不宜过厚，一般低于10cm，否则引起根系或根颈腐烂。

图4-3 柑橘园非织布覆盖

图4-4 柑橘园深翻改土

（二）深翻改土

1. 深翻改土的目的

柑橘是否丰产，在很大程度上取决于深翻改土（图4-4）的质量。丰产柑橘园要求土质疏松、土层深厚、酸碱度适宜、地下水位低、排水良好、有机质含量高，以沙壤土或壤土为佳。土壤黏重，排水能力差，而旱季蒸发失水快，容易干旱。土层浅的果园，根系生长受阻，根系分布浅，生长弱，落花落果严重，抗旱能力弱，也容易裂果。柑橘对土壤酸碱度的适应较广，在偏酸与偏碱的土壤也能生长，但最适宜柑橘根系生长的pH值为5.5～6.5。柑橘优质丰产的果园土壤有机质含量高，一般为3%。深翻改土的主要目的就是改造土壤结构、改良土壤团粒结构、调节pH值、提高土壤肥力和有机质含量。

2. 幼树园的深翻扩沟或扩穴

柑橘园定植穴或沟深度通常为80～100cm，宽80～100cm。栽植2～3年后，需要在原定植穴、沟的位置向外继续扩穴（图4-5、图4-6）或扩沟改土，深度60～80cm。深翻时每立方米土埋入30～50kg（按干重计）茅草、杂草、秸秆等有机质，酸性土壤还应施入1～3kg石灰，磷和钾缺乏果园需要加施钙镁磷肥、过磷酸钙或骨粉等。深翻改土时间以10～11月为宜。

图4-5 柑橘幼树园扩穴改土（一）

图4-6 柑橘幼树园扩穴改土（二）

3. 成年果园的深翻改土

　　成年果园由于连续多年结果以后，土壤肥力衰退，根系老化，应进行改土和根系更新。成年柑橘园根系分布范围广，改土时为了少伤根，可以在树冠外围进行条状沟或放射状沟深翻改土，深度60～80cm。长度和宽度视柑橘园和树体生长状况而定。每年深翻一边，隔年轮流改造，以免影响产量。深翻时将伤、断的粗根和大根进行适当修剪，以便促进新根生长。每次施入50～100kg山草或绿肥，与泥土分层埋入。同时可以加入饼肥和过磷酸钙或钙镁磷肥各2～3kg与表土混匀填入20～40cm土层。成年柑橘园深翻改土通常在根系生长高峰期或即将到来之前进行，通常在9～10月或次年3月进行（图4-7、图4-8）。

图4-7 柑橘成年果园扩穴改土

图4-8 柑橘成年果园定植沟改土

（三）生草栽培

柑橘园生草栽培是指在柑橘树的行间或树盘外生长草本植的一种土壤管理方式。生草栽培能够有效地改善果园生态环境、减少水土流失、缓冲果园的温度和湿度变化、增加土壤有机质含量和提高土肥力。

我国柑橘园多数在南方丘陵地带，土层深浅不一，土壤贫瘠，有机质含量低，水土流失严重，因此进行生草栽培很有必要。

1. 自然生草栽培

自然生草栽培是铲除果园内的深根、高秆和其他恶性杂草，选留自然生长的浅根、矮生、与柑橘无共生性病虫害的良性草，使其覆盖地表，不另进行人工播种草（图4-9）。天然草种能够很好地适应当地自然生态环境，无需管理就能够很快形成优势草种覆盖在果园内，不同季节有不同草种，管理简便、成本低。

图4-9 柑橘园自然生草栽培

进行自然生草的果园需要铲除离树冠滴水线外30cm以内树盘的所有草，减少对柑橘肥水的竞争。在草旺盛生长季节进行割草，控制草的高度。在高温干旱季节来临之前，割草用于覆盖树盘，果实成熟期应控制草生长，最好在成熟季节铲除草，有利于果实成熟转色和提高品质。

2. 人工种草

人工种草（图4-10）是在柑橘园播种适合当地土壤气候的草种，使之既能抑制杂草的生长，又不与柑橘的生长有强烈的肥水竞争。理想的草种是适应性广泛、根系浅、矮生、能自行繁衍的，最好在高温干旱季节能自然枯萎。较好的草种有黑麦草、三叶草、紫花苜蓿、百喜草、薄荷和留兰香等。生产上主要使用的草种为黑麦草、紫花苜蓿和白三叶草。

（1）黑麦草 黑麦草的播种时期为9月至翌年2月均可，但最适宜的

图4-10　柑橘园人工种草栽培

时期为9～10月，播种时间越迟，生长量越少。播种可以采用点播或开沟条播。每亩1～1.5kg，播种时将种子拌草木灰或细土。土壤湿润有利于黑麦草萌芽生根，所以播种后要保持土壤湿润，土壤干燥时要及时灌水。播种后即时盖草保温，出苗后10天左右浇施1%左右的尿素水溶液。土壤肥力较差的土壤，施肥1～2次，以氮肥和钾肥为主，可以补充部分磷肥。

黑麦草既是好的绿肥，也是良好的饲料作物，可用于饲喂牛、羊、兔、鹅和草鱼等。

（2）紫花苜蓿　紫花苜蓿春、夏、秋季均可播种，主要采用撒播，每亩播种量0.8～1kg。为了播种更均匀，可用细土加钙、镁、磷肥拌种后再播种。紫花苜蓿在幼苗阶段生长比较缓慢，长势不强，与田间杂草竞争力差，需要及时拔除田间杂草，适当薄施1～2次氮肥和钾肥，以加快幼苗生长。幼苗长大后，则不需要再施氮肥，因紫花苜蓿自身有固氮能力。每次收割后就追施钾肥和磷肥。紫花苜蓿为多年生植物，因此遇高温干旱时应适当灌溉，防止死草。

紫花苜蓿也可以作为绿肥和饲料，柑橘园的紫花苜蓿可以用来喂牛、羊，牛、羊的粪便又可以用于果园的施肥，既增加经济收入，又能很好地解决果园的有机肥来源。

图4-11 柑橘园白三叶草栽培（一）

图4-12 柑橘园白三叶草栽培（二）

（3）白三叶草（图4-11、图4-12） 白三叶草是豆科多年生草本，寿命3～5年，根系发达而浅，耐湿、喜凉爽湿润气候，但耐旱性差，对土壤适应性较强，在微酸性和盐碱土壤上都能正常生长。白三叶草一年四季都可以播种，但以春秋两季播种更佳，由于种子细小，通常与细土等混合撒播，每亩播种量0.4～0.6kg。适合白三叶草生长的温度为19～24℃，因此春季播种应在气温稳定通过15℃以上的3月中、下旬，秋季适宜在9月中、下旬播种。播种时如果在多雨季节，可以直接将种子撒在整理后的地面即可，在较干燥的季节或土壤干燥时，播种后要覆土地，覆盖1～2cm，并适时喷水保湿。在幼苗阶段要保持土壤湿润，并补充少量氮肥，成年后由于白三叶草自身有固氮作用，只需要补充少量磷钾肥即可。

白三叶草在幼苗阶段生长比较缓慢，长势不强，与田间杂草竞争力差，需要及时拔除田间杂草，一旦成苗后则繁殖迅速，能很快覆盖果园地面，有效控制杂草生长。白三叶草由于植株高度不高，又具备固氮作用，因此不与柑橘园争光争肥，还是良好的绿肥和牧草作物，是柑橘园较好的生草栽培品种。

3. 生草栽培果园的草管理

生草栽培首先保证树冠滴水线外30cm以内的树盘下土壤疏松、基本无草。柑橘园内的草高度不宜超过35cm，以免影响植株的光照。在早春要控制草的生长，提高土壤温度，促进柑橘根系活动和萌芽。在雨季，尽量让草生长，减少水土流失。但在伏旱来临时要及时割草，用于果园覆盖，减少水分蒸发。在果实成熟期，要及时割草、铲草或杀草等，从而增加地面反光，降低果园空气温度和土壤温度，提高果实品质。

二、柑橘园施肥管理

（一）主要化肥的特点及其施用

1. 氮肥

氮肥是柑橘树体内氨基酸、蛋白质、叶绿素和核酸等的组成成分，对柑橘生长、开花和结果有很大影响，生产上适时适量施用氮肥很重要，氮肥也是柑橘生产上使用最多的化肥之一。氮肥的施用方法是否科学合理，对柑橘生长、果实产量与质量有十分明显的影响。

氮肥的种类和特点：氮肥可分为铵态氮肥、硝态氮肥和酰胺态氮肥三大类。铵态氮肥包括氨水、碳铵、硫酸铵和氯化铵等，铵态氮肥以铵的形式存在。铵态氮施用到土壤后，一部分铵被柑橘根系吸收，一部分铵被土壤吸附，一部分铵通过硝化作用被转化为硝酸根离子，被柑橘吸收，也容易随土壤水分运动而下渗或淋失，还有一部分铵直接产生氨而挥发损失。硝态氮肥包括硝酸铵（既是硝态氮肥，又是铵态氮肥）、硝酸钾、硝酸镁和硝酸钙等，硝态氮肥均以酸根形式存在，其施入土壤后，一部分硝酸根离子被柑橘根系吸收，由于硝酸根离子不能被土壤吸附，易随水分流失，有一部分硝酸根离子随水下渗或淋失，还有一部分硝酸根离子在土壤通气不良等环境下会发生反硝化作用而脱氮缺失。酰胺态氮肥有尿素和石灰氮等。酰胺态氮以酰胺形式存在，柑橘生产上主要使用的酰胺态氮是尿素。尿素施入土壤后，在土壤中很容易流动，柑橘根系对尿素的直接吸收利用很少，只有在尿素被土壤中的微生物作用下转化为硝态氮才能被柑橘根系吸收，但转化为铵态氮肥也容易以氨的形式挥发损失，且有一部分铵态氮会被微生物进一步转化为硝态氮。在石灰性土壤和碱性土壤中，尿素在土壤中转化成铵态氮后更容易随水淋失。

氮肥施用（图4-13、图4-14）注意事项：从氮肥的特点可以看出，氮肥损失的主要途径是氨挥发、硝态氮流失和反硝化脱氮，所以氮肥施入土壤后都存在一种或多种损失途径。另外，铵态氮浓度过高，会直接抑制柑橘根系活动或导致死根。根据氮肥的特点，因此提倡适当浅施、浇施、避免堆施和团施、合理撒施。

图4-13 柑橘尿素施用挖浅沟方法　　　　图4-14 柑橘尿素施用撒施方法

2. 磷肥

磷是组成细胞核、原生质的重要元素，是核酸及核苷酸的组成部分。柑橘植株体内磷脂、酶类和植素中均含有磷，磷参与构成生物膜及碳水化合物，含氮物质和脂肪的合成、分解和运转等代谢过程，是作物生长发育必不可少的养分。合理施用磷肥，可增加作物产量，改善产品品质，促使柑橘的花芽分化和开花结实，提高结实率。此外，还能提高柑橘抗旱、抗寒和抗盐碱等抗逆性。

磷肥的种类和特点：磷肥可分为水溶性磷肥、混溶性磷肥、酸溶性磷肥和难溶性磷肥。水溶性磷肥主要有普通过磷酸钙、重过磷酸钙和磷酸铵（磷酸一铵、磷酸二铵），适合于各种土壤、各种作物，但最好用于中性和石灰性土壤。其中磷酸铵是氮磷二元复合肥，且磷含量高（46%），在施用时，除豆科作物外，大多数作物直接施用应配施氮肥，调整氮、磷比例，否则，会造成浪费或由于氮磷施用比例不当引起减产。混溶性磷肥，指硝酸磷肥，也是一种氮磷施用二元复合肥，最适宜在旱地施用，在水田和酸性土壤施用易引起脱氮损失。酸溶性磷肥，包括钙镁磷肥、磷酸氢钙、沉淀磷肥和钢渣磷等。这类磷肥不溶于水，但在土壤被弱酸溶解，被作物吸收利用。而在石灰性碱性土壤中，与土壤中的钙结合，向难溶性磷酸方向转化，降低磷的有效性，因此适合于酸性土壤中施用。难溶性磷肥，如磷矿粉、骨粉和磷质海鸟肥等，只溶于强酸，不溶于水。施入土壤后，主要靠土壤中的酸使它慢慢溶解，变成作物能利用的形态，肥效很慢，但后效期很长。适于在酸性土壤用作基肥，也可与有机肥料堆沤或化学酸性、生理酸性肥料配合施用，效果较好。

磷肥施用（图4-15）注意事项：在所有化学肥料中，磷肥的利用度最低，利用速度最慢，主要原因是磷无论是在何种土壤中均容易被固定，难于移动。还有土壤类型对磷肥的吸收利用差异也很大。因此生产上施用磷肥应做到适度深施，与有机肥一起施用，不同土壤施用不同磷肥种类，磷肥不提倡撒施。

图4-15 柑橘磷肥挖沟施用方法

3. 钾肥

钾是植物营养三要素之一，与氮、磷元素不同，钾在植物体内呈离子状态，具有高度的渗透性、流动性和再利用的特点。钾在植物体中对60多种酶活性起着关键作用，对光合作用也起着积极作用。钾素营养的植物，能调节单位叶面的气孔大小，促进二氧化碳（CO_2）和来自组织的氧（O_2）的交换；供钾量充足，能加快作物导管和筛管的运输速率，并促进作物多种代谢过程。钾素常被称为"品质元素"。它对作物产品质量的作用主要是能促进作物较好地利用氮肥，使柑橘果实色泽美观，加速果实成熟，增强产品抗碰伤和自然腐烂能力，延长储运期限。

钾肥的种类和特点：钾肥的品种较少，常用的只有氯化钾和硫酸钾，其次是钾镁肥。草木灰中含有较多的钾，常把草木灰当作钾肥施用。另外，还将少量窖灰钾作为钾肥施用。我国的钾肥资源较少，目前主要靠进口。钾肥施入土壤后，一部分被柑橘吸收利用，另一部分被土壤吸收固定，钾在土壤中移动性较小。不论是硫酸钾或氯化钾，施用后都容易导致土壤酸化和板结。

钾肥施用（图4-16）注意事项：柑橘对钾肥利用率的高低与土壤类型、施用方法和气候密切相关，因此钾肥的施用应当适度深施、看土施肥、不宜撒施，干旱时期要及时灌溉，谨慎施用氯化钾肥。

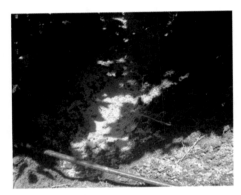

图4-16 柑橘钾肥挖沟施用方法

4. 中量元素肥料

目前通常所指的中微量肥料是钙、镁、硫肥。这些元素在土壤中储存数量较多，在施用大量元素（氮、磷、钾肥）时能得到补充，一般情况可满足柑橘的需求，但因土壤类型而异，如红壤本身就缺乏钙和镁。由于生产上大量偏施氮磷钾高浓度而不含中微量元素的化肥，不施有机肥料或施用量减少，柑橘植株中量元素缺乏的现象逐渐增多。

中量元素肥料的种类：常用"钙"的品种有石灰、石膏、普通过磷酸钙、重过磷酸钙、钙镁磷肥等；含"镁"的品种有钙镁磷肥、硫酸镁、氯化镁、白石粉等；含"硫"的主要品种为硫酸铵、硫酸镁和硫酸钾等。

5. 微量元素肥料

微量元素肥料包括锌、硼、钼、锰、铁、铜六种元素，都是作物生长发育必需的，仅仅是因为作物对这些元素需要量极小，所以称为微量元素。20世纪柑橘种植施用有机肥为主，化肥为辅的情况下，微量元素缺乏并不突出，但随着大量元素肥料施用成倍增长，有机肥料投入比重

下降，土壤缺乏微量元素状况也随
之加剧。但是不同土壤质地，柑橘
对微量元素的需求存在差异，应根
据土壤微量元素有效含量确定其丰
缺状况，做到缺啥补啥。

微量元素的特点：微量元素在
作物体内多数是酶、辅酶的组成成
分或活化剂，对叶绿素和蛋白质的
合成、光合作用或代谢过程，对

图4-17　柑橘微量元素施用方法

氮、磷、钾等养分的吸收和利用等也起着重要的促进和调节作用。柑橘
对微量元素的需要量虽少，但在缺素或潜在缺素土壤上施用相应的微肥，
可大幅度提高柑橘的产量和改善果实的品质。

柑橘微量元素施用方法见图4-17。

（二）施肥时期和施肥量

1. 柑橘幼树施肥

柑橘幼树的生长主要是靠四次梢的生长，分别是春梢、早夏梢、夏
梢和秋梢。要让幼树快速生长，必须保证这四次梢有充足的养分。萌芽
前施肥，有利于新梢萌发和枝条生长健壮，顶芽自剪后到新叶转绿这一
阶段施速效肥，可以促进新梢壮实，并有利于促发下一次新梢。所以，
每次新梢萌芽前和萌芽后都要施1次速效肥，加快树冠扩大和培养足够
的结果枝组。氮肥和钾肥对新梢生长特别重要，施肥以氮肥和钾肥为主。

春季萌芽前后各施1次春梢肥，同时还可以加入少量微量元素，早
夏梢萌芽前后各施1次早夏梢肥；夏梢萌芽前后各施1次夏梢肥；早秋
梢萌芽前1个月左右重施1次腐熟有机肥加过磷酸钙或钙镁磷肥，挖
30～40cm深的施肥沟施入。因此，幼树每年2～9月施7～8次肥。我
国柑橘大部分产区9月以后一般不再施速效肥，以免促发晚秋梢和冬梢。

幼树施量和比例要根据土壤营养状况而定，生产上提倡土壤和叶片营
养诊断进行平衡施肥。一般情况下，柑橘幼树施肥的氮、磷、钾比例为

1∶（0.3～0.5）∶（0.6～0.8）。1～3年生幼树年施纯氮100～300g，逐年增加。春梢、早夏梢、夏梢和秋梢施肥量占全年施肥量的30%、20%、30%和20%。氮、钾肥宜溶解在腐熟稀粪尿水或灌溉水中，直接浇在树冠滴水线下，有机肥宜挖深20～40cm沟施，磷肥宜在夏季一次性沟施。

2. 结果树施肥

初结果树，施肥量以产果100kg计算，施纯氮1.2～1.5kg；盛果期成年树，产果100kg施纯氮0.8～1.2kg。氮、磷、钾比例1∶（0.4～0.6）∶（0.7～1）。萌芽肥、稳果肥、壮果肥和采果肥一般占全年施用量的25%～30%、10%～20%、30%～40%和15%～20%。过磷酸钙（用于碱性土）或钙镁磷（用于酸性土）可在夏季一次性沟施（图4-18）。采果肥以有机肥为主，结合深翻扩穴进行。

在我国大部分柑橘产区，萌芽肥在2月中下旬至3月上中旬各施1次。稳果肥在谢花期施用，但要根据树势状况确定施肥量，一般强壮树宜少施或不施，弱树宜适当多施，施肥量以达到叶片深绿而不萌发夏梢为宜，否则会引起大量落果。壮果肥（速效肥）在早秋梢萌发前10～20天施入，壮果肥（迟效肥）在早秋梢萌发前25～35天施。施肥量与结果量成正比，果多宜多施，以达到能促发较多早秋梢为宜。采果肥在10月中下旬施用。

不管是幼树还是结果树，喷药防治病虫害时，只要与药剂混合不会发生不良反应，可在药液中加入0.1%～0.2%的微肥，或0.3%～0.5%的磷酸二氢钾、硝酸钾或尿素等做叶面肥（表4-1）。尿素做叶面肥喷布次数不能太多，以免引起缩二脲中毒。但是，在空气湿

图4-18 柑橘结果树施肥方法

柑橘高产优质栽培与病虫害防治图解（第二版）

度大的河谷地带或种植密度过大的果园，应尽量减少叶面肥的施用，特别是含磷的叶面肥应少用或不用，以减少柑橘叶面藻类的繁衍。

表4-1　柑橘叶面肥喷布浓度

肥料种类	喷布浓度 /%	肥料种类	喷布浓度 /%	肥料种类	喷布浓度 /%
尿素	0.3 ～ 0.6	硫酸钾	0.3 ～ 0.5	氧化锰	0.1
磷酸二氢钾	0.3 ～ 0.6	硫酸锌	0.1 ～ 0.2	硼砂或硼酸	0.1 ～ 0.2
硝酸钾	0.5 ～ 1.5	硫酸锰	0.05 ～ 0.1	钼酸铵	0.2 ～ 0.3
硝酸铵	0.3	硫酸镁	0.1 ～ 0.2	腐熟人畜尿	10 ～ 30
硫酸铵	0.3	柠檬酸铁	0.1 ～ 0.2	复合肥	0.2 ～ 0.4
过磷酸钙滤液	0.5 ～ 1.0	硫酸铜	0.01 ～ 0.02 或 0.5 波尔多液	硝酸镁	0.5 ～ 1.0
草木灰浸液	1.0 ～ 3.0	氧化锌	0.1	硫酸亚铁	0.1 ～ 0.3

注：一般根外追肥周年均可进行，但以花期、新梢生长期吸收较快。在高温低湿、干旱和幼梢期，喷布浓度要适度降低。商品尿素可能因缩二脲含量太高，多次喷布后叶片可能出现毒害，在田间发现有叶尖发黄现象应停止喷布2～3月。柑橘喷布铁制剂对纠正缺铁症效果不佳，只能起到有限的缓解作用。根外追肥常用的尿素和磷酸二氢钾可与多数农药混合，常可结合防病治虫时进行叶面喷布。

装有滴灌或微喷灌溉设施的果园，在灌溉水中溶解后不沉淀的化肥可通过灌溉系统施肥。

（三）施肥方法

施肥的方法不同，其效果不同。总的要求是将肥料施于细根集中分布的范围内，即树冠外缘滴水线附近才能被充分利用。其施肥的方法有如下几种。一是环状沟施肥，即在树冠外缘10cm处挖一条环状沟，沟宽、深各20 ～ 30cm，把肥料施入沟中与土壤混合覆土。二是放射状沟施肥，即在树冠下，距主干1m以外，顺水平根生长方向放射状挖5 ～ 8条施肥沟，宽30cm、深30cm，长50 ～ 100cm，将肥施入。为了减少大根被切断，应内浅外深，内窄外宽。应注意隔年或隔次更换施肥部位。三是条沟施肥，即在果树行间，树冠滴水线内外，挖宽20 ～ 30cm、深30cm的条沟，将肥料撒施沟内。四是穴状施肥，即在树冠外缘滴水线外，每隔50cm左右，环状挖穴3 ～ 5个，直径30cm左右，深20 ～ 30cm。五是全园施肥，即在果园树冠已经交换，根系全园布满时，先将肥料撒于地表，然后翻挖入土，深约30cm。但此法易使根系上浮，应与其他施肥方法交替使用。除了以上的土壤施肥外，也可进行叶面追肥，将肥料溶于水中以喷雾的方式进行追肥。主要是在生长季节以满足柑橘对某种元素的急需。

三、柑橘园水分管理

柑橘的正常生理活动是在水分供应充足的条件下进行的，缺少水分生长发育就不能正常进行，影响生长和产量。土壤水分过多会造成根系腐烂，甚至导致死亡。因此水分与养分都是柑橘获得优质高产的关键因子。

1. 灌溉

柑橘树在高温干旱季节需要及时合理灌溉才能保证柑橘优质丰产。在阴天叶片卷曲或者晴天的傍晚叶片卷曲不能及时恢复正常，就说明土壤干旱比较严重，需要立即进行灌水。高温干旱季节灌水时间应在傍晚或者早晨，不要在中午或下午高温期灌水，特别是不能灌过热或过凉的水。

柑橘园灌溉有4种方式，即沟灌、穴灌、树盘灌和节水灌溉（包括滴灌和微喷灌）。沟灌是在柑橘园行间开沟，沟与渠道相连，灌溉沟保持0.1%以上比降，灌溉水经沟底、沟壁渗入土中进行浸润灌溉。穴灌是在树冠滴水线外缘挖灌水穴4个以上，穴直径40cm左右，穴深40cm左右为宜，但挖穴时尽量不伤根，灌溉时在每穴埋入杂草踩实，然后灌水。树盘灌即以树干为圆心，将树冠投影范围内的土面做土埂围成圆盘，灌水前先疏松树盘内土壤，灌水后用土覆盖。节水灌溉是最省水的灌溉方式，需要在果园安装滴灌或者喷灌设备，通过管道直接将水灌入树盘。

无论哪种灌溉，灌水时间和灌水量都因干旱程度不同而定，一般需要灌水2～5h，灌水时必须灌透，但又不能过量。合理的灌水量为灌溉使柑橘树主要根系分布层的湿度达到土壤持水量的60%～80%。遇连续高温干旱天气时，每隔3～5天灌溉1次。特别值得注意的是在采果前1周不要灌水。

2. 排水

防止柑橘涝害与防止干旱一样
重要，在低洼排水不畅的柑橘园、
地下水位比较高、平地柑橘园、河
滩柑橘园，容易造成柑橘涝害（图
4-19），需要根据不同立地条件因
地制宜搞好排水系统。柑橘发生涝
害以后，往往根系发生霉烂，叶片
的叶脉首先发黄，接着整个叶片会

图4-19 地下水位高排水不畅的柑橘园

逐渐黄化，枯枝落叶、落花落果。发现涝害的果园，需要及时开沟，沟
深度1m以上，积水排除后及时松土；也可以扒土晾根，扒开树盘的土
壤，使部分根系接触空气，使水分尽快蒸发，然后再重新覆土。对涝害
发生比较严重的果园，需要将枯枝落叶剪除，促发新梢抽出。

第五章

柑橘整形修剪

一、整形修剪的目的与意义

整形和修剪的主要目的是塑造良好的树型，让树体通风透光，延长结果寿命，调节大小年，以便柑橘能丰产稳产。

二、整形修剪的方法

1. 整形的方法

柑橘的树型主要有开心形（图5-1）、圆头形（图5-2）和变侧主干形，但目前生产上主要采用的是开心形。

图5-1 开心形树冠实例　　　　图5-2 自然圆头形树冠实例

主要方法是培养中心干，一般树干高30～45cm，树冠高大的还可适当高一些。在离地面50cm以上短截，保留30～45cm的强壮枝，剪除其余细弱枝，如果是开心形，只留2～3个强枝，如果要培养圆头形和变侧主干形留3个强枝，其中剪口下的第1个强枝作为延长枝，第2个强枝为第1主枝，在延长枝上培养第2主枝，以此培养第3主枝、第4主枝等。开心形只有3个主枝，圆头形为4～5个主枝，变侧主干型为5～6个主枝。

2. 修剪的方法

（1）疏删　从基部剪去枝梢、小枝、枝组或更大的侧枝等。疏删可以改善光照和透风，增加光合作用。

（2）短截（图5-3） 从枝梢、小枝、枝组等的某一部分剪除，但仍然需要保留一部分。短截可以加强枝梢的抽发，短截愈重，抽发新梢越少但枝梢愈强。

（3）回缩（图5-4） 将两年生以上小枝、枝组等剪去一部分，剪口下仍然保留枝梢和小枝等。回缩的主要目的是为了树势更新和提高结果能力。

图5-3 柑橘短截实例

图5-4 柑橘回缩实例

（4）摘心 对过长的春梢、夏梢和秋梢在自剪期间摘去过长部分，保留20～30cm长。摘心可以提早枝梢老熟和增加分枝级数。

（5）拉枝（图5-5）和扭梢（图5-6） 在9～11月，将直立的夏梢拉开增加角度，或者将强夏梢沿轴向扭伤。可以增加花芽分化。

图5-5 柑橘拉枝实例

图5-6 柑橘扭梢实例

（6）抹芽 当夏梢、秋梢生长至1～2cm长时，将其中不符合的嫩芽抹除，称为抹芽。

三、幼年树的修剪

一般柑橘从定植到投产前，这一时期称幼年树。幼年树生长势较强，为了尽快扩大树冠，幼年树的修剪量宜轻，主要是培养树形，采用短截、摘心和抹芽放梢等方法。

1. 短截延长枝

幼树定植后，在当年春梢老熟时，短截上部的顶端细弱部分，促发分枝，抽出较多的强壮夏梢。在夏梢老熟自剪后，一般将延长枝留 5 ～ 7 个有效芽将前端剪除，以促发抽多而强壮的秋梢。

2. 摘心

未投产的幼年树利用夏、秋梢培育骨干枝，迅速扩大树冠。对于长势强旺的夏梢、秋梢，可在嫩叶初展时留 5 ～ 6 片叶时摘心。摘心可以促其枝梢提高成熟，枝条粗壮，快速抽发下次梢。通过多次摘心，可以增加分枝，促发枝梢抽生，利于扩大树冠。

3. 疏除花蕾和剪除病虫枝

花芽分化需要大量的养分，如果幼树过早就开花结果，就会影响枝梢抽发和生长，不利于树冠形成。因此，在定植后前 2 年，应将花蕾摘除。从第 3 年起到丰产期，除了让少量内膛和下部枝结果，主枝和幼树主枝、副主枝上的花蕾仍然需要摘除（图5-7）。

幼年树尽可能保留可保留的枝梢作为辅养枝，同时适当疏删少量密弱枝，但必须要剪除病虫枝。

四、初结果树的修剪

幼苗定植 3 ～ 4 年后，就开始进入初结果，但未到丰产期之前，仍然以扩大树冠为目的，辅以适当

图5-7 疏除花蕾修剪实例

结果，达到早结丰产的目的。初结果树营养生长和结果矛盾突出，通常采用促春梢、控夏梢、放秋梢、抹冬梢来解决两者的矛盾。

1. 促春梢

初结果树尽量保留春梢，只是剪除树冠顶部春梢的花蕾，在冬季，短截结果枝、落花落果枝和弱枝 1/3 ～ 1/2，翌年可抽生强壮的春梢。

2. 控夏梢

从 5 ～ 7 月上旬，要严格控制夏梢的生长，以减少生理落果。夏梢要每隔 3 ～ 5 天抹除 1 次，对结果树少的也可留 1 ～ 2 叶摘心，这样可抑制和减少夏梢的发生，减少抹梢次数和用工。

3. 放秋梢

除春梢外，其余梢抽发均不整齐。因此，在 6 月底至 7 月初施 1 次速效肥，放梢前对发生的零星芽，抹 1 ～ 2 次，从 7 月中旬开始，进行统一放秋梢。放梢基本原则是秋梢必须老熟，能分化花芽次年结果，同时要尽量避免晚秋梢或冬梢发生。结果多的树，将树冠顶部结果枝进行短截，进行以果换梢。

4. 抹冬梢

在当地进入冬季前，还不能正常老熟的晚秋梢和冬梢要全部抹除，晚秋梢先端不能老熟的，要及时摘心，促进老熟。

5. 剪除病虫枝

将下部无用枝和病虫枝全部剪除。

五、成年树的修剪

进入盛果期，极易出现大小年结果现象，修剪的任务是及时更新结果枝组，培养优良结果母枝，保持营养枝与结果枝的合理比例，以稳产高产、延长盛果期年限。

1. 树冠调整

柑橘进入丰产期后，要保持年年丰产稳产，达到立体结果，就必须保持树冠通风透光，做到上部稀，外围疏，内膛饱满，冠面呈凹凸不平波浪形；或者呈下部大、上部小的自然回头形，有效结果体积大。修剪时短截或者剪除相邻枝梢的交叉重叠枝，保持各枝间有足够空间。

2. 疏剪郁闭大枝

进入盛果期后树冠上部生长旺，易出现上强下弱，顶部枝梢密生，内膛荫蔽枯枝，必须疏剪大枝打开光路。一般修剪原则是树势强疏剪强枝，大枝长势相同的先疏剪直立枝，以缓和树势；树势弱的疏剪弱枝，以促进生长。盛果期要培养大枝少而稀，小枝多而密；树冠外围大枝较密，可适当疏剪部分2～3年生大枝，内外能结果的凹凸树冠，以改善内膛光照条件，防止早衰，延长盛果期年限。

3. 更新枝组，轮换结果

随着树龄的增长和结果量的增多，行间树冠相接、结果枝组容易衰退。因此，每年进行修剪时，应选1/3左右的结果枝组或夏、秋梢的结果母枝，将其从基部切截。再选取一个当年生枝，并短截其1/3～2/3，防止其开花结果，或者可留少量夏梢，通过摘心和抹芽放梢，从而使从这些部位抽生较强的秋梢作为结果母枝，形成强壮的更新枝组，轮换结果，保持稳产。

4. 回缩结果枝

落花落果后的枝梢可以进行回缩，让其抽发秋梢作为第2年结果母枝。结果后衰弱的结果母枝，可从基部剪除。如同时抽生营养枝，则可留营养枝，剪去结果枝。若结果枝衰弱，叶片枯黄，则可将结果枝从基部剪除；若结果枝充实，叶片健壮，则只要剪去果梗，使其在翌年抽发1～2个健壮的营养枝。

5. 合理回缩修剪下垂枝

树冠中下部的枝梢是丰产的优良结果部位，不应将它们随意剪去；而要充分利用它的下垂枝开花结果，结果后，这些枝条衰退，可对它逐年回缩修剪。修剪时，从它的健壮处剪去先端下垂的衰弱部分，抬高枝梢位置，使这些枝梢离地稍远。这样，它们就不致因果实重量增加垂地，避免损失果实的品质。

6. 疏剪病虫弱枝，改善树体光照

脐橙易在树冠四周产生大量的密生小侧枝，使树冠外围枝叶密集，内膛光照极弱，叶黄枯枝、病虫枝大量发生，故应及时疏除脐橙树的纤弱枝、重叠枝和病虫枝等。对密生枝采取"三去一""五去二"的办法，去弱留强，去密留稀，以保持树冠有足够大小不等的"天窗"，使阳光散射到树冠中部，以改善内膛的光照条件，从而充分发挥树冠各部位枝条的结果能力。

六、衰老树的修剪

衰老树指结果多年、树龄大、树势衰退的老龄树。这种树的更新修剪必须是主干和大枝完好，没有病虫为害，更新后能迅速恢复树冠生长和结果能力才有经济价值。更新修剪要根据其衰老程度，采用不同的更新修剪方法。

1. 局部更新

又称轮换更新。是分年对主枝、副主枝和侧枝轮流重剪回缩或疏删，保留树体主枝和长势较强的枝组，尽量多保留大枝上有健康叶片的小枝，每年春季更新修剪1次，分2～3年完成。

2. 露骨更新

又称中度更新（图5-8），当树势衰退比较严重时，将全部侧枝和大枝组重截回缩，疏删多余的主枝、副主枝、重叠枝、交叉枝，保留主枝上部健康小枝。这种更新要注意加强管理，保护枝干，防止日灼，2～3年可恢复结果。

3. 主枝更新

又称重更新（图5-9）。是在树势严重衰退时，将距主枝干100cm以

图5-8 露骨更新修剪实例

图5-9 主枝更新修剪实例

上的4~5级副主枝、侧枝全部锯去，仅保留主枝下端部分。这种更新方法用于密植郁闭园的改造，冻害树的恢复修剪效果显著。

第六章

柑橘病虫害防治

一、常见病害及其防治技术

二、常见虫害及其防治技术

柑橘为多年生常绿果树，生态系统比较稳定，病虫害发生种类很多，目前报道已逾1000种，其中病害约300种，包括细菌、真菌、病毒、线虫和生理性病害；虫害约700种，包括昆虫、螨类、软体动物和脊椎动物等，而在我国柑橘种植区常发及多发的重要病虫害有100多种。除此之外，橘园有益生物种类极其丰富，主要包括捕食螨、瓢虫、寄生蜂和寄生菌等，对病虫害起到重要控制作用。由于篇幅限制，本书只介绍了为害柑橘比较重要的病害3种，虫害22种。

一、常见病害及其防治技术

（一）黄龙病

黄龙病是国内外植物检疫对象。此病长期流行于广东、福建和广西的中南部地区，20世纪70年代以后在江西南部、云南部分地区、四川和贵州的西南部、浙江南部以及湖南南部也有零星发生。台湾称黄龙病为立枯病。

1.症状

典型病状是感病初期病树的"黄梢"和叶片的斑驳型黄化（图6-1、图6-2）。开始发病时，首先在树冠顶部或外围出现几枝或部分小枝新梢

图6-1 黄龙病病叶

上面左边第一张为健叶，其余为不同症状病叶

图6-2 黄龙病黄梢状

叶片不转绿而呈黄梢，病叶变厚，有革质感，易脱落。随后，病梢的下段枝条和树冠的其他部位陆续发病。一般大树开始发病后经 1～2 年全株发病。病枝新梢短、叶小，形成枝叶稀疏、植株矮化等病态。果实变小、畸形、着色不均匀，福橘、温州蜜柑和椪柑等果实出现"红鼻果"（图6-3、图6-4）。叶片的黄化有3种类型：斑驳型黄化、均匀黄化和缺素状黄化（图6-1）。均匀黄化叶多出现在夏、秋梢开始发病的初期病树上，叶片呈均匀的浅黄绿色，这种叶片因在枝上存留时间短，所以在田间较难看到。斑驳型黄化叶片开始从主、侧脉附近和叶片的基部和叶缘黄化，随后呈黄绿相间的不均匀斑块状，在春梢和夏、秋梢上（图6-2），初期病树和中、晚期病树上都能找到。缺素状黄化叶又称花叶。即叶脉及叶脉附近叶肉呈绿色，而脉间叶肉呈黄色。类似缺微量元素锌、锰、铁时的症状。出现在中、晚期病树上。一般从均匀黄化叶或斑驳型黄化叶的枝条上抽发出来的新梢即呈缺素状。上述三种黄化叶片，以斑驳型黄化叶片最具特征性，且易找到，所以可作为田间诊断黄龙病树的依据。

图6-3 黄龙病果实不同症状（一）

图6-4 黄龙病果实不同症状（二）

2. 病原

在20世纪70年代，通过试验证明黄龙病病原对四环素族抗生素敏感，认为黄龙病病原是类菌原体。1979年，通过电镜观察，看到了病叶叶脉韧皮部组织中的病原，大小为150～650nm，具有20nm的界限膜，认为应列为类细菌。

3. 发病规律

病原是一种还未能人工分离培养的革兰阴性细菌。病原可通过嫁接传病。用病树接穗繁殖苗木，以及病接穗和病苗的调运是该病远距离传播的主要途径。在田间，黄龙病由柑橘木虱（*Diaphorina citri Kuwayama*）传播。目前栽培的柑橘品种都能感染柑橘黄龙病。蕉柑、椪柑及茶枝柑感病后衰退最快，甜橙和柚次之，温州蜜柑则最慢。

4. 防治方法

① 对调运的柑橘苗木及接穗进行严格检疫，禁止从病区引进苗木及接穗。

② 建立无病苗圃培育无病苗木。通过茎尖嫁接和指示植物鉴定选择无病接穗嫁接。

③ 隔离种植。新果园要与老果园尽量隔离，以减少自然传播。

④ 严格防除传病昆虫柑橘木虱。目前防除柑橘木虱主要依靠喷布杀虫剂。可选用10%吡虫啉可湿粉1000倍液、4.5%高效氯氰菊酯1000～2000倍液、1.8%阿维菌素2000倍液、90%敌百虫晶体或80%敌敌畏乳油或48%毒死蜱乳油1000倍进行喷雾防治，10天后再喷1次。冬季清园时选用上述杀虫剂喷雾1～2次。以上药剂注意交替使用。注意连同柑橘园附近黄皮树、九里香等木虱寄主植物一起喷药。

⑤ 及时挖除病树，减少传染源。在挖除病树前，先用敌百虫、敌敌畏、毒死蜱、吡虫啉等药剂防除柑橘木虱，以免柑橘木虱迁移传播病害。

（二）溃疡病

柑橘溃疡病是影响世界柑橘生产的重大检疫性病害，可为害几十种芸香科植物。病菌侵染柑橘的叶片、枝条和果实，引起溃疡病斑，严重时造成大量落叶落果，树势明显衰退，大大降低果实商品价值，造成严重的经济损失。

1. 症状

为害叶片，初期在叶背出现淡黄色针头大的油浸状斑点（图6-5），后逐渐扩大，颜色转为米黄色至暗黄色，并穿透叶的正反两面同时隆起，一般背面隆起比正面更为明显，病斑中央呈火山口状开裂，最后病斑木栓化、灰褐色、近圆形，周围有黄色晕环。病斑直径一般为0.2～0.5cm，有时几个病斑相接，形成不规则形大病斑。为害枝梢，夏季嫩梢最为严重，其症状与叶片上类似，但病斑比叶片上的更为突起，其直径为0.5～0.6cm，周围没有黄色晕环。为害果实，果实病斑也与叶片上类似，但病斑较大，一般直径为0.5～0.6cm，表面木栓化程度更高，病斑中央火山口开裂亦更为显著。未成熟的青果病斑周围有黄色晕环（图6-6），果实成熟后则消失。

图6-5 溃疡病病叶

图6-6 溃疡病病果

2. 病原

柑橘溃疡病由地毯黄单胞杆菌致病变种引起，属革兰阴性菌，病菌极生单鞭毛，杆状，菌体长1.5～2.0μm，宽0.5～0.8μm，人工培养基上菌落圆滑、黄色、黏稠状。大种分类阶段，柑橘溃疡病菌的种名是*Xanthomonas. Citri*，目前被广泛接受的Vauterin分类系统现定名为*X. axonopodis*三个致病变种。

3. 发病规律

病菌主要在病部越冬，翌年侵染新生春梢叶片和幼果，成为再侵染来源，辗转侵染夏、秋梢。夏梢、幼果受害最重，秋梢次之，春梢较轻。病菌借风雨、昆虫、工具和枝条摇动接触做近距离传播，远距离传播主要通过带病的苗木、接穗和果实传播，带菌土壤亦能传病。细菌从气孔、皮孔或伤口侵入，潜育期一般4～6天。病菌生长的适宜温度为20～34℃，最适温度为28℃。在自然情况下，病菌在寄主组织中可存活数月，台风和暴风雨有利于该病的发生。不同种类柑橘对本病抗性有很大差异，以甜橙类感病最严重，其次是酸橙、柚、枳，宽皮柑橘类感病较轻，金柑抗病。

4. 防治方法

由于溃疡病为害比较严重，因此要加强综合治理。

① 实行严格检疫，培育无病苗木；其次，加强肥水管理，控制氮肥施用量，增施磷、钾肥。

② 注意病虫害的管理，特别要注意潜叶蛾、凤蝶等害虫的防治，以减少伤口。

③ 控制夏梢，抹除早秋梢，适时放梢，冬季清园。

④ 在各次嫩梢和幼果期喷药保护，每次梢期和幼果期各喷药2～3次，主要药剂有农用链霉素600～800U/mm、77%氢氧化铜可湿性粉剂600倍液、15%络氨铜水剂600倍液、25%噻枯唑或叶枯宁可湿性粉剂600～800倍液、50%代森铵600倍液和80%代森锰锌600倍液等。

（三）炭疽病

柑橘炭疽病是柑橘产区普遍发生的一种病害，可引起落叶，落果，枝梢枯死，果实大量腐烂。

1. 症状

可为害叶片、枝梢和果实等。为害叶片表现为慢性型（叶斑型）和急性型（叶枯型）两种，慢性型病害多发生在叶缘或叶尖，浅灰褐色，近圆形或不规则形，病斑上常有排成同心轮纹状的黑色小粒点（为病菌的分生孢子盘）。急性型病斑颇似开水烫伤，初为淡青色小斑，后迅速扩展为水渍状边缘不清晰的波纹状斑块，病部组织枯死后多呈"V"字形或倒"V"字形斑块（图6-7、图6-8）。

图6-7 急性炭疽病叶片　　　　　　　　图6-8 典型病叶

为害枝梢时，一种症状为病梢由上而下枯死，多发生在寒害后的枝梢上，初期病部褐色，后呈灰白色，其上散生许多小黑点，病健组织分界明显；另一种症状发生在枝梢中部，病斑初为淡褐色，后扩大为长梭形，易形成环割，导致病梢枯死。2年生以上的枝条，病斑的皮色较深，病部不易观察清楚，剥开皮层可见皮部枯死。

幼果受害，初为暗绿色油渍状不规则形病斑，后扩展至全果，可引起大量落果或成僵果挂在树上。长大后的果实受害，其症状有干疤、泪痕和腐烂3种类型，干疤型病斑近圆形、褐色、微下陷、革质状，病组织不深入皮下，病斑上可见大量黑色或红色小点；泪痕型症状表现为果皮表面下陷呈一条条如泪痕状的病斑，由许多红褐色小点组成；腐烂型多在采收储藏室发生，一般从果蒂开始，形成圆形、褐色、凹陷的病斑，病部散生黑色小粒点（图6-9）。

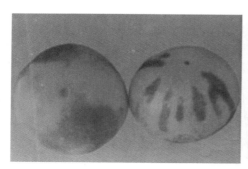 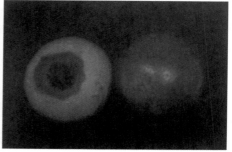

图6-9 不同果实症状

2. 病原

病原菌为半知菌亚门的有刺炭疽孢属，学名为*Colletotrichum gloeosporioides*，病部小黑点为分生孢子盘，分生孢子梗在盘内呈栅状排列，圆柱形，单孢，分生孢子椭圆形至短椭圆形。

3. 发病规律

柑橘炭疽病是一种潜伏侵染性病害，潜伏侵染结构是普遍而大量存在于柑橘植株各部位表面的附着孢，分生孢子很容易萌发，但不能直接侵入健全的柑橘组织。恶劣的气候条件或其他不良因素使树体处于衰弱的状况是影响柑橘炭疽病发生轻重的因素。

4. 防治方法

增强柑橘的树势是防治柑橘炭疽病的关键，因此要加强栽培管理及其他病虫害防治，增施有机肥，注意修剪等。柑橘炭疽病的附着孢对杀菌剂有较强的抗药性，但各种杀菌剂对该病菌的分生孢子杀伤力很强，能有效阻止孢子萌发、入侵和形成附着胞，在春、夏梢嫩梢抽发期（杂柑幼树是重点）和果实成熟前期进行观察。可在发病初期喷施80%代森锰锌可湿性粉剂600倍液、25%溴菌腈可湿性粉剂500倍液、70%甲基硫菌灵或5%多菌灵可湿性粉剂800倍液，每隔15天喷药1次，连喷2～3次。清洁果园，清除病枝叶、病树，消灭侵染源。

二、常见虫害及其防治技术

（一）柑橘红蜘蛛

柑橘红蜘蛛属蛛形纲，蜱螨目，叶螨科。又名柑橘全爪螨、瘤皮红蜘蛛。我国各柑橘产区均有分布。该螨除为害柑橘外，还可为害梨、桃、木瓜、樱桃、木菠萝、核桃和枣等多种植物。

1. 为害症状

用刺吸式口器刺吸柑橘叶片（图6-10）、嫩枝、花蕾及果实（图6-11）

图6-10 柑橘红蜘蛛叶片为害状

图6-11 柑橘红蜘蛛果实为害状

等器官的汁液，尤以嫩叶受害最重。被害叶片初呈淡绿色，随后变为针头大的灰白色斑点（图6-10），严重时叶片灰白色，失去光泽，引起脱落，导致减产。叶片为害严重时，叶背面和果实表面还可以看见灰尘状蜕皮壳。枝上症状与叶片相似。果实受害后表面呈褪绿灰白色斑，着色不均。

2. 形态特征

雌成螨足4对，体长0.3～0.4mm，宽0.24mm，长椭圆形，体色暗红。背面有13对瘤状小突起，每一突起上长有1根白色长毛（图6-12）。雄成螨较雌成螨小，背部有白色刚毛10对，着生在瘤状突上，后端尖削，呈楔形，鲜红色。卵，圆球形，略扁平，红色有光泽，卵上有柄，柄端有10～12条白色放射状细丝（图6-13）。幼螨足3对，体长0.2mm，近圆形，红色。若螨似成螨，足4对，前若螨体长0.2～0.25mm，后若

图6-12 柑橘红蜘蛛雌成虫

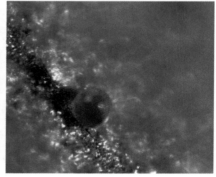

图6-13 柑橘红蜘蛛卵

螨为0.25～0.3mm。

3. 发生规律

柑橘红蜘蛛的发生受温度、降雨、天敌数量及杀螨剂使用状况等多种因素的影响。气温对其影响最大。年平均温度15℃地区，1年发生12～15代；17～18℃地区，1年发生16～17代；20℃以上地区，1年发生20～24代。温度为19.83～29.86℃时，平均历期20.25～41天。在12℃时田间虫口开始增加，20℃时盛发，20～30℃和70%～80%相对湿度是其发育和繁殖的最适宜条件，低于10℃或高于30℃虫口受到抑制。4～5月发芽开花前后由于温度适合，又正值春梢抽发营养丰富，是其发生和为害盛期，因此，是防治最为重要的时期。此后由于高温高湿和天敌增加，虫口受到抑制而显著减少。9～11月如气候适宜又会造成为害。每个雌成螨产卵量为31～62.5粒，日平均产卵量为2.97～4.87粒。雌成螨可行孤雌生殖，但其产生的后代均为雄螨。苗木和幼树受害较重。

4. 防治措施

① 加强橘园肥水管理，增强树势，提高树体对害螨的抵抗力。

② 搞好果园生草栽培，改善橘园小气候，为天敌生存提供有利条件。保护、利用橘园内的自然天敌，如塔六点蓟马、食螨瓢虫、草蛉和捕食螨等。有条件的地方提倡饲养、释放尼氏真绥螨和巴氏钝绥螨等捕食螨控制柑橘红蜘蛛。捕食螨在平均每叶有柑橘红蜘蛛1～2头时释放，根据树龄大小，每棵树原则上挂捕食螨1～2袋（500～600头/袋），悬挂在树冠基部的第一分叉上。在捕食螨释放前10～15天对病虫害进行1次喷药防治，释放后30天内不要用药，释放后1～2天最好不要下雨。

③ 根据柑橘害螨发生时期和杀螨剂自身的特点，在害螨达到防治指标时，选用对捕食螨、蓟马及食螨瓢虫等天敌毒性较低的专用杀螨剂进行喷药防治。柑橘红蜘蛛防治适期：在春芽萌发时开始每7～10天调查柑橘1年生叶片1次，当螨、卵达100～200头/100叶或春芽1～2cm或有螨叶达50%时，应及时喷药；5～6月和9～11月为500～600头/100叶时，

应及时喷药。开花前低温条件下选用15%哒螨酮1500～2000倍液、5%噻螨酮2000～2500倍液、24%螺螨酯5000～6000倍液及20%四螨嗪1500倍液等药剂；花后和秋季气温较高时，选用25%单甲脒1000～1500倍液、20%双甲脒1000～2000倍液、25%三唑锡1500～2000倍液、50%苯丁锡2500倍液、50%丁醚脲1500～2000倍液、73%炔螨特2500～3000倍液、5%唑螨酯2000～2500倍液、99%矿物油200倍液等，药剂使用应均匀周到。其中，矿物油在发芽至开花前后及9月至采果前不宜使用。同时，注意交替使用杀螨剂，延缓抗药性产生。

（二）四斑黄蜘蛛

四斑黄蜘蛛属蛛形纲，蜱螨目，叶螨科。又名柑橘始叶螨，分布较广。除为害柑橘外，还为害葡萄及桃等果树。

1. 为害症状

四斑黄蜘蛛主要为害柑橘叶片和嫩梢，尤以嫩叶受害重，花蕾和幼果少有为害。该螨常在叶背主脉两侧聚集取食，聚居处常有丝网覆盖，卵即产在下面。受害叶片呈黄色斑块，严重时叶片扭曲畸形（图6-14、图6-15）。严重时出现大量落叶、落花、落果，对树势和产量影响较大。

图6-14 叶片为害状（一）

图6-15 叶片为害状（二）

2. 形态特征

雌成螨近梨形，长0.35～0.42mm，宽0.19～0.22mm，体色橙黄色，越冬成虫体色较深，背部微隆起，上面有七横列整齐的细长刚毛，共13

对，不着生在瘤突上（图6-16）。体背有明显的黑褐色斑纹4个，足4对。雄成螨较狭长，尾部尖削，体形较小，长约0.30mm，最宽处0.15mm。卵圆球形（图6-16），光滑，直径0.12～0.14mm，刚产时乳白色，透明，随后变为橙黄色，卵壳上竖着一根短粗的丝。幼螨初孵时淡黄色近圆形，长约0.17mm，

图6-16 卵和雌成螨

足3对，约1天后雌体背面即可见4个黑斑；若螨足4对，前若螨似幼螨，后若螨似成螨，但比成螨略小，体色较深，可辨雌雄。

3. 发生规律

1年发生15～20代，世代重叠。以卵和雌成螨在树冠内膛、中下部的叶背受害处越冬，尤其在病虫为害的卷叶内螨口较多。该螨无明显越冬现象，在3℃以上就开始活动，卵在5.5℃时开始发育孵化，14～15℃时繁殖较快，20℃时大发生，20～25℃和低湿是其最适发生条件。故春季较红蜘蛛发生早15～30天。春芽萌发至开花前后（3～5月）是为害盛期，此时高温少雨为害严重。6月以后由于高温高湿和天敌控制，一般不会造成为害，10月以后，如气温适宜也可造成为害。该螨喜欢在树冠内和中下部光线较暗的叶背取食，尤其喜欢聚集在叶背主脉、侧脉及叶缘部分吸食汁液。受害处凹下呈黄色或黄白色，向叶正面突起，凹处布有丝网，螨在网下生活，这给药剂防治带来困难。大树发生较幼树重。苗木很少受害。

4. 防治措施

针对四斑黄蜘蛛发生比柑橘红蜘蛛稍早及发生与分布规律，及时周到喷药。其防治措施参见柑橘红蜘蛛。四斑黄蜘蛛防治指标：开花前为100头/100叶，开花后为300头/100叶。单甲脒和双甲脒对四斑黄蜘蛛防治效果不理想。四斑黄蜘蛛对有机磷虽然很敏感，但由于对天敌（图6-17）和

环境不安全，因此最好不要使用。

（三）柑橘锈壁虱

柑橘锈壁虱属蛛形纲，蜱螨目，瘿螨科。又称锈螨、锈蜘蛛，是为害柑橘最严重的害螨之一。国内许多柑橘产区均有分布，在三峡库区、广东、广西、浙江和福建等柑橘产区为害尤为严重。

1. 为害症状

主要在叶背和果实表面吸食汁液，果实、叶片被害后呈黑褐色或古铜色，果实表面粗糙，失去光泽，故称黑炭丸、火烧钳（图6-18），影响果实外观和品质；严重被害时，叶背和果面布满灰尘状蜕皮壳，引起大量落叶和落果。

2. 形态特征

成螨体长0.1～0.2mm，身体前端宽大，后端尖削，楔形或胡萝卜形，体色初期淡黄色，逐渐变为橙黄色或橘黄色。头小，向前方伸出，具螯肢和须肢各1对。头胸部背面平滑，足2对，腹部有许多环纹。卵为圆球形，表面光滑，灰白色透明。若螨形体似成螨，较小（图6-19）。腹部光滑，环纹不明显，腹末尖细，足2对。第一龄若

图6-17 捕食螨追逐黄蜘蛛

图6-18 果实为害状

图6-19 锈壁虱成、若螨

螨体灰白色，半透明；第二龄若螨体淡黄色。

3. 发生规律

柑橘锈壁虱以成螨在夏、秋梢腋芽和病虫为害的卷叶内越冬。年发生代数随地区及气候不同而异。一般年发生18～20代，在浙江黄岩1年约发生18代，福建龙溪年发生24代。有显著的世代重叠现象。该螨平均产卵量14粒。世代历期较短，卵期平均3.2～5.3天，若螨期平均3.9～9.8天，平均一代历期为10～19天。在日平均气温21.5～30.0℃时，成螨寿命为4～10天，因此，气温适宜时，该螨种群数量上升极为迅速。越冬成螨第2年3月开始活动，然后转向春梢叶片，聚集于叶背的主脉两侧为害，5、6月蔓延至果面上。6月下旬起繁殖迅速，7～10月为发生盛期。9月以后，部分虫口转至当年生秋梢为害，直到11月中、下旬仍可见较多的虫口在叶片与果实上取食。在7～9月的高温少雨条件下，常猖獗成灾。6～9月是防治该螨的关键时期。高温干旱幼螨大量死亡。

4. 防治方法

（1）改善果园生态环境　园内种植覆盖作物，旱季适时灌溉，保持果园湿度，以减轻发生与为害。

（2）为害调查　5～10月，检查当年春梢叶背或秋梢叶背有无铁锈色或黑褐斑，或个别果实有无暗灰色或小块黑色斑。若有，应立即喷药，以免造成损失。也可从6月上旬起，定期用手持放大镜观察叶背，6～9月出现个别受害果或2头/视野（手持10倍放大镜），气候适宜时开始喷药防治。

（3）药剂防治　用于防治柑橘红蜘蛛的药剂除噻螨酮外，均对柑橘锈壁虱有效。除此之外，1.8％阿维菌素3000～4000倍液、80%代森锰锌600～800倍液的防治效果也很好。在高温多雨条件多毛菌流行时要避免使用铜制剂防治柑橘病害，同时保护好里氏盲走螨、塔六点蓟马、长须螨、草蛉等捕食性天敌。

（四）矢尖蚧

矢尖蚧又名矢尖介壳虫，属同翅目盾蚧科。我国各柑橘区均有分布，但以中亚热带和北亚热带柑橘区分布多危害且重。

1. 为害症状

仅危害柑橘类。其若虫和雌成虫均取食柑橘叶片、小枝和果实汁液，叶片受害处呈黄色斑点，若许多若虫聚集取食受害处反面呈黄色大斑，嫩叶严重受害后叶片扭曲变形，严重时则枝叶枯焦、树势衰退、产量锐减（图6-20）。果实受害处呈黄绿斑，外观差，味酸，受害早而严重的果实小而易裂果。但不诱发煤烟病。

受害果

图6-20 受害果及树

2. 形态特征

雌成虫（图6-21）介壳长形稍弯曲，褐色或棕色，长约3.5mm，前窄后宽，末端稍窄，形似箭头，中央有一明显纵脊，前端有2个黄褐色壳点。雌成虫体橙红色、长形，胸部长，腹部短。雄成虫体橙红色，复眼深黑色，触角、足和尾部淡黄色，翅无色。卵椭圆形，橙黄色。初孵化的活动若虫体扁平椭圆形，橙黄色，复眼紫黑色，触角浅棕色，足3对，淡黄色，腹末有尾毛一对，固定后足和尾毛消失，触角

图6-21 雌成虫

收缩。开始分泌蜡质形成壳。2龄雌虫介壳扁平、淡黄色、半透明，中央无纵脊，壳点1个。虫体橙黄色。雄虫背部开始出现卷曲状蜡丝，在2龄初期其介壳上有3条白色蜡丝带形似飞鸟状，后蜡丝增多而在虫体背面形成有3条纵沟的长筒形白色介壳，其前端有黄褐色壳点1个，虫体淡橙黄色。

3. 发生特点

1年发生2～4代，以雌成虫和2龄若虫（图6-22）越冬。次年4月下旬至5月初当日均温达19℃时雌成虫开始产卵孵化，各代1龄若虫分别于5月上旬、7月中旬和9月下旬达高峰。约10月下旬停止产卵孵化，各代中以第1代发生量大而较整齐，以后世代重叠。第1代1龄期约20天，2龄期约15天。

图6-22　1龄、2龄若虫

温暖潮湿有利其发生，高温干旱幼蚧死亡率高，树冠荫蔽通风透光差有利发生，大树受害重。雌虫多分散取食，雄虫则多聚集取食。第1代多取食叶片。两性生殖。

4. 防治方法

（1）加强栽培管理　增强树势提高抵抗力，剪除虫枝，干枯枝和荫蔽枝，减少虫源和改善通风透光条件，有利于化学防治。

（2）化学防治　由于第1代发生多而整齐是化学防治重点，当有越冬雌成虫的去年秋梢叶片达10%或越冬雌成虫达15头/100叶或2个以上小枝组明显有虫或出现少数叶片枯焦应立即喷药防治。具体施药时间为枳砧锦橙初花后25天或第1代2龄雄若虫初见后5天或第1代若虫初见后20天喷第1次药，15天后再喷1次。如虫口不多也可在2、3代若虫防治。药剂有40.7%毒死蜱或25%喹硫磷或25%噻嗪酮1000～2000倍液、25%阿克泰2000～3000倍液、0.5%苦参·烟碱800～1000倍液、95%机油乳剂50～150倍液或前几种药剂之一的2000～3000倍液+绿颖（机油乳剂）300倍液混用效果更好，必要时15天后再喷1次。

（3）保护利用天敌　日本方头甲、红点唇瓢虫、整胸寡节瓢虫、矢尖蚧蚜小蜂、花角蚜小蜂和红霉菌等是其重要天敌，在其第2、3代时发生很多应注意保护。

（五）黑点蚧

黑点蚧又名黑点介壳虫和黑片盾蚧，属同翅目盾蚧科。我国各柑橘栽培区均有分布。为害柑橘、枣和椰子等多种植物。

1. 为害症状

其雌成虫和若虫常群集吸食柑橘叶片、果实和嫩枝汁液；叶片受害处呈黄色褪绿斑（图6-23），严重时叶片变黄，果实（图6-24）和枝条受害后亦形成黄斑，使果实外观和内质差，严重时会延迟果实成熟。还诱发煤烟病使枝叶和果实表面覆盖黑色霉层，降低了植物的光合作用，减少了养分供应，使树势衰弱，严重时枝叶干枯死亡。

图6-23　叶片为害症状

图6-24　果实症状

2. 形态特征

雌成虫介壳（图6-25）长方形，漆黑色，长1.6～1.8mm，背面有3条纵脊，第一壳点深黑色、椭圆形、斜向或正向突出于介壳前端，第二

柑橘高产优质栽培与病虫害防治图解（第二版）

壳点较大呈长形，介壳周围边缘附有灰白色蜡质膜。雌成虫倒卵形，淡紫色。雄虫介壳略狭长而呈长方形，灰黑色，长约1.0mm，介壳后有较宽的灰白色蜡质膜。壳点1个，椭圆形，黑色，位于介壳前端。雄成虫淡紫红色，复眼大而呈黑色，翅半透明，有2条翅脉。卵

第六章 柑橘病虫害防治

图6-25 雌成虫介壳

椭圆形，淡紫红色，长约0.25mm。若虫初孵时紫灰色扁平近圆形，后为深灰色，固定后足、触角和尾毛消失，并分泌蜡质物在背部形成白色蜡质绵状物称绵壳期。2龄若虫椭圆形，壳点深黑色，中间有一条明显的纵脊，后部为灰白色介壳，虫体灰白色至灰黑色。蛹淡红色。

3. 发生特点

在重庆1年3～4代，在浙江黄岩1年发生3代。田间世代重叠发生极不整齐。多以雌成虫和少数卵越冬。在重庆田间第1代1龄若虫于4月中旬开始出现，并于7月上旬、9月中旬和10月出现3次高峰，12月至次年4月很少出现。雌成虫则以11月至次年3月最多。卵产在母体下排列整齐，每雌平均产卵孵化出幼蚧50余头。若虫生存最适温度为日均20℃左右。幼蚧自然死亡率高达80%左右，第1代主要取食叶片，5月下旬有少量上果，第2代多为害果实少部分取食叶片，第3代多取食叶片。叶面虫口多于叶背，树势衰弱受害重，树冠向阳处多于背阴处。

4. 防治方法

该虫在我国发生广但不重。通过加强栽培管理，增强树势，提高抗虫力和通过剪除虫枝减少虫口数等措施，一般可控制在经济阈值之内，不需进行化学防治。如越冬雌成虫达2头/叶时，要喷药防治时可在各代若虫高峰期每15～20天1次，连喷2次。药剂种类和浓度同矢尖蚧。其天敌有日本方头甲、红点唇瓢虫、整胸寡节瓢虫、小赤星瓢虫、盾蚧长缨蚜小蜂、纯黄蚜小蜂、长缘毛蚜小蜂、短缘毛蚜小蜂和红霉菌等许多

种，喷药时应注意保护、发挥其自然控制效果。

（六）吹绵蚧

吹绵蚧又名吹绵介壳虫和黑毛吹绵蚧，属同翅目硕蚧科。我国分布很广泛。寄主植物有柑橘、梨、苹果、桃、芝麻、蔷薇、豆科和茄科植物等100余种。

1. 为害症状

它的雌成虫常聚集柑橘枝、干上吸食，若虫尤其是低龄若虫多在叶片和小枝上取食，果梗和嫩芽也有少数虫体。受害叶片变黄，叶绿素含量降低，光合作用效果差，引起落叶落果。它分泌蜜露诱发严重煤烟病使枝叶和果实表面覆盖很厚的一层黑色霉层（图6-26），不但降低光合作用功能，还削弱植株呼吸作用，使树势衰弱。严重时枝叶干枯，植株死亡。严重降低柑橘产量和品质。

2. 形态特征

雌成虫椭圆形，红褐色，长5～7mm，宽3.7～4.2mm，背面有很多短的黑色细毛，并覆盖着许多白色颗粒状蜡粉。头、胸和腹分界明显，触角11节、黑色，足黑色、有刚毛。产卵前在腹部后部分泌蜡质，在体后形成表面有14～16条沟较规则的白色卵囊（图6-27），卵长椭圆形橘红色长0.7mm，产在卵囊内。1龄若虫椭圆形，橘红色，背面有蜡粉，复

图6-26 枝叶受吹绵蚧为害状

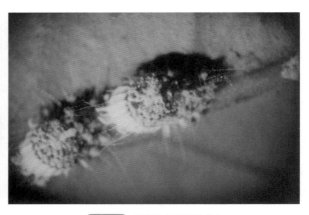
图6-27 吹绵蚧有卵囊雌成虫

眼，触角和足黑色，腹末有3对长尾毛，触角6节。2龄若虫红褐色，背面蜡粉淡黄色。3龄若虫体红褐色，触角为9节。以后随虫体增大体色变深，体毛、蜡粉和背部边缘的毛丛增多，胸部和腹部边缘的毛呈毛簇状（图6-28）。雄虫极少。

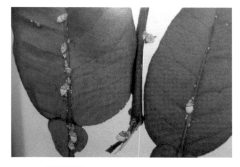

图6-28 吹绵蚧初孵若虫和雌成虫

3. 发生特点

在重庆1年发生3～4代，各虫态均可越冬但以若虫为主。田间世代重叠。越冬雌成虫3月份开始产卵5月达盛期，其繁殖量较大，第1代平均每雌可产805粒卵，第1代若虫于5月上旬至6月中旬盛发。第2代若虫于7月中旬至11月下旬发生8～9月盛发。田间若虫高峰期主要在5～6月和8～9月。田间雌成虫分别于4～5月、7～8月和9～10月为多，尤以4～5月、9～10月最盛。多进行孤雌生殖。温暖高湿适宜其发生，20℃和高湿最适于产卵，22～28℃最适于若虫活动，23～27℃最适于雌成虫活动。低于12℃或高于40℃若虫死亡率大增。雌成虫多在枝、干上群集取食，1龄若虫多在叶背主脉附近取食，2龄后逐渐分散取食，若虫每蜕皮1次就换1处取食。树势弱受害重。

4. 防治方法

加强田间管理，增强树势，提高抗虫力和补偿力，剪除虫枝、荫蔽枝和干枯枝可减少虫口基数，改善植株生长条件，恢复树势，橘园不间种高秆作物和豆类等，一则可降低果园湿度，二则可减少其他寄主植物，还可提高施药质量。由于寄主广、繁殖量大而易爆发成灾，故最好不要传入无虫区，一旦发现应立即销毁。澳洲瓢虫（图6-29）是其最有效的专食性天敌，有虫区应尽

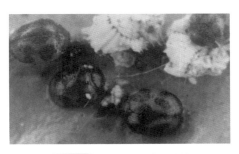

图6-29 澳洲瓢虫取食吹绵蚧

量利用其来控制害虫，放虫后要尽量不喷或少喷有机磷和拟除虫菊酯类杀虫剂以免杀死天敌。如无天敌时也可在若虫盛期喷药防治，药剂种类和浓度同矢尖蚧。但机油乳剂对其防治效果差。

（七）红蜡蚧

红蜡蚧又名红蜡介壳虫和红蜡虫，属同翅目蜡蚧科。我国各柑橘栽培区均有分布。寄主有柑橘、茶、柿、枇杷、梨、荔枝、樱桃、石榴和杨梅等数十种。

1. 为害症状

其若虫和雌成虫常聚集在柑橘当年抽发的春梢枝条上吸食汁液，果梗和叶柄上也有少数虫体取食。除吸食养分外它还分泌蜜露诱发严重的煤烟病，使枝叶和果面覆盖很厚的黑色霉层，既降低了光合效能减少了养分供应降低产量，又严重损坏果实的外观。受害树枝叶抽发短小而少，开花少，结果小。干枯枝多树势衰弱，使柑橘产量和品质损失很大。

2. 形态特征

雌成虫体椭圆形紫红色，背面有较厚的呈不完整的半球形中央稍隆起的粉红或暗红色直径3～4mm的蜡质介壳（图6-30），介壳四边向上反卷呈瓣状，从介壳顶端至下边有4条扭曲延伸的白色斜线。雄虫介壳较狭小而色较深。卵紫红色，椭圆形，长0.3mm。初孵幼蚧体扁平，椭圆形，淡紫色，体长约0.4mm，触角6节，腹末有尾毛2根，固定后触角、足和尾毛消失，随即分泌蜡质在体背形成白色蜡质小点。2龄若虫体稍突起，广椭圆形，紫红色，背部开始形成蜡壳和白色蜡线。3龄若虫长圆形，体长约0.9mm，蜡壳两侧的白色蜡线更显著，蜡壳更厚。介壳中央隆起成脐状。

3. 发生特点

该虫1年发生1代，以受精雌成虫越冬。次年5月中下旬开始产卵，卵期1～2天。幼蚧（图6-31）盛发于5月底至6月初，7月初为幼蚧发

图6-30　红蜡蚧雌成虫

图6-31　红蜡蚧幼蚧

生末期。每雌平均产卵475粒。幼蚧孵出后即从介壳下爬行至当年生春梢枝条上固定取食，并很快分泌蜡质在体背形成白色蜡点，以后蜡质逐渐增多加厚形成介壳。雌虫1～3龄期分别为20～25天、23～25天和30～35天。雌雄比为9：1。橘类和金柑受害重，橙和柚类受害轻，大树受害重，幼树受害轻，尤以衰弱树受害最重。当年生春梢枝受害重，其他枝和叶片很少受害。

4. 防治方法

加强肥水管理，多施有机肥增强树势，使其新梢抽整齐、生长快而健壮，可减轻危害。剪除虫枝、干枯枝和衰弱枝可减少虫口基数和更新树势，提高补偿力。从5月上旬开始每2天观察1次幼蚧孵出情况，如发现当年的春梢枝上有个别幼蚧爬出或固定之后20天左右喷第1次药剂，20天后再喷1次。药剂种类和浓度同矢尖蚧。红蜡蚧的主要天敌有孟氏隐唇瓢虫、红蜡蚧啮小蜂、夏威夷软蚧蚜小蜂和红帽蜡蚧扁角跳小蜂等，喷药和修剪时应注意保护利用。

（八）黑刺粉虱

黑刺粉虱属同翅目，粉虱科。我国各柑橘产区均有分布。除为害柑橘外，还可为害茶、油茶、梨、枇杷、苹果、柿、栗、龙眼、香蕉、橄榄、月季等多种植物。

1. 为害症状

黑刺粉虱主要为害叶片。以幼虫聚集叶片背面刺吸汁液，形成黄斑，其排泄物能诱发煤烟病，枝叶发黑，枯死脱落，严重影响植株生长发育，枝梢抽发少而短小，降低产量。

2. 形态特征

（1）成虫（图6-32）　体长0.96～1.3mm，橙黄色，薄敷白粉。复眼肾形，红色。前翅灰褐色，上有6个不规则的白斑；后翅较小，淡紫褐色。

（2）卵（图6-33）　新月形，长0.25mm，有1小柄，直立附着在叶上，初乳白后变淡黄，孵化前灰黑色。

图6-32　黑刺粉虱成虫

（3）幼虫　共3龄，初孵淡黄色，随后变为黑色，体长0.27～0.30mm。2龄雌虫长0.39～0.43mm，3龄雌虫长0.64～0.73mm。

（4）蛹（图6-34）　椭圆形，黑色。蛹壳椭圆形，雌蛹壳长0.98～1.3mm，雄蛹壳较小，漆黑有光泽，壳边锯齿状，周缘有较宽的白蜡边，背面显著隆起，胸部具9对长刺，腹部有10对长刺，两侧边缘

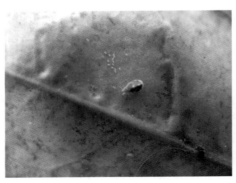
图6-33　黑刺粉虱成虫及卵

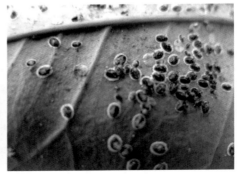
图6-34　受害叶及背面的黑刺粉虱蛹

雌有长刺11对，雄10对。

3. 发生特点

1年发生4～5代，以2～3龄幼虫在叶背越冬。在重庆越冬幼虫于3月上旬至4月上旬化蛹，3月下旬至4月上旬大量羽化为成虫。成虫多在早晨露水未干时羽化，初羽化时喜欢荫蔽的环境，日间常在树冠内幼嫩的枝叶上活动，可借风力进行远距离传播。羽化后2～3天，便可交尾产卵，多产在叶背，散产或密集呈圆弧形。每雌产卵量10～100粒不等。幼虫孵化后作短距离爬行后吸食。一生共蜕皮3次，2～3龄幼虫营固定为害，诱发煤烟病。5～6月、6月下旬至7月中旬、8月上旬至9月上旬、10月下旬至11下旬是各代1～2龄幼虫盛发期，此时是化学防治关键时期。第1代发生相对整齐，因此生产上要特别重视第1代幼虫期防治。已发现的天敌有刺粉虱黑蜂、斯氏寡节小蜂、黄盾恩蚜小蜂、东方刺粉虱蚜小蜂、方斑瓢虫、刀角瓢虫、黑缘红瓢虫、黑背唇瓢虫、整胸寡节瓢虫、大草蛉、草间小黑珠、芽枝霉、韦伯虫座孢菌等。

4. 防治方法

① 剪除密集的虫害枝，使果园通风透光，加强肥水管理，增强树势，提高植株抗虫能力。

② 保护和利用天敌：保护刺粉虱黑蜂和黄盾恩蚜小蜂等天敌。若果园天敌数量较多，能有效控制黑刺粉虱的为害，就不使用化学药剂。若天敌数量较少，可以从外地引入。

③ 化学防治：果园天敌不能有效控制黑刺粉虱为害，则应在幼虫盛发期喷药防治，第1代防治适期为越冬代成虫初见后40～50天。可选用99%矿物油200倍液、20%松脂酸钠100～200倍液、90%敌百虫800倍液、48%毒死蜱1200倍液、25%扑虱灵1000倍液等。矿物油和除松脂酸钠的上述杀虫剂混用效果更加，还可适当降低使用浓度。发生严重的地区在成虫盛发期也可选用10%吡虫啉2000～3000倍液、3%啶虫脒1500倍液、10%烯啶虫胺3000～5000倍液进行防治。

（九）柑橘粉虱

柑橘粉虱属同翅目，粉虱科。又名橘黄粉虱、橘绿粉虱、通草粉虱，我国许多柑橘产区均有分布。寄主有柑橘、柿、栀子、女贞和丁香等。

1. 为害症状

主要为害柑橘叶片，嫩叶受害尤其严重，在叶片背面吸食诱致煤烟病，引起枯梢。少数果实也有受害，受害果实生长缓慢，以致脱落。

2. 形态特征

（1）雌成虫　体长1.2mm，黄色，被有白色蜡粉。翅半透明，亦敷有白色蜡粉。触角第3节较第4、5两节之和长，第3～7节上部有多个膜状感觉器。复眼红褐色，分上下两部，中有一小眼相连。

（2）雄成虫　体长0.96mm，阳具与性刺长度相近，端部向上弯曲。

（3）卵（图6-35）　椭圆形，长0.2mm，宽0.09mm，淡黄色，卵壳平滑，以卵柄着生于叶背面。

（4）幼虫　初孵时，体扁平椭圆形，淡黄色，周缘有小突起17对。

（5）蛹（图6-36）　蛹壳（图6-37）略近椭圆形，自胸气道口至横蜕缝前的两侧微凹陷。胸气道明显，气道口有两瓣。蛹未羽化前蛹壳呈黄绿色，可以透见虫体，有两个红色眼点；羽化后的蛹壳呈白色，透明，壳薄而软，长1.35mm，宽1.4mm，壳缘前、后端各有1对小刺毛，背上有3对瘤状短突，其中2对在头部，1对在腹部的前端。管状孔圆形，其

图6-35　柑橘粉虱成虫及卵

图6-36　柑橘粉虱蛹和成虫

柑橘高产优质栽培与病虫害防治图解（第二版）

图6-37 柑橘粉虱蛹壳

图6-38 柑橘粉虱成虫

后缘内侧有多数不规则的锐齿。孔瓣半圆形，侧边稍收缩，舌片不见。靠近管状孔基部腹面有细小的刚毛1对。

3. 发生特点

以幼虫及蛹越冬。1年发生3代，暖地可发生6代。在重庆，第1代成虫（图6-38）在4月间出现，第2代在6月间出现，第3代在8月间出现。卵产于叶背面，每头雌成虫能产卵100多粒。第1代幼虫5月中旬盛发。有孤雌生殖现象，所生后代均为雄虫。

4. 防治方法

农业防治和化学防治参照黑刺粉虱。粉虱座壳孢菌是柑橘粉虱最重要的寄生菌。橘园最好不要喷铜制剂和其他广谱杀菌剂。同时加强对捕食性瓢虫、寄生蜂等天敌的保护。有条件的地方，可人工移引刀角瓢虫，或在多雨季节，采集已被粉虱座壳孢寄生虫体的叶片，带至荫蔽潮湿的粉虱发生橘园散放，也可以人工培养粉虱座壳孢孢子悬浮液在田间施用。

（十）柑橘木虱

柑橘木虱属同翅目，木虱科。在华南柑橘产区普遍发生，华东和西南局部地区也有分布，是传播黄龙病的媒介昆虫。

1. 为害症状

柑橘木虱主要以若虫（图6-39）为害新梢、嫩芽，春梢、夏梢、秋梢均严重为害。被害嫩梢幼芽干枯萎缩，新叶畸形卷曲。若虫取食处许多白色蜡丝，分泌排泄物（图6-40）能引起煤烟病，影响光合作用。

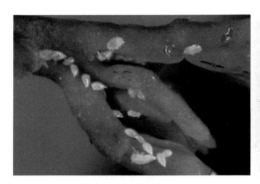

图6-39　木虱卵及若虫

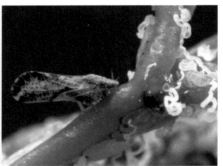

图6-40　木虱及白色分泌物

2. 形态特征

成虫（图6-41）体形小，自头顶至翅端长2.4mm，全身青灰色，其上有小的灰褐色刻点，头顶突出如剪刀状，头部有3个黄褐色大斑，品字形排列；复眼赤色，单眼2个位于复眼内侧，赤色。触角10节，灰黄色，末端2节黑色。翅半透明，有灰黑色不规则斑点；腹部棕褐色，足灰黄色；卵近梨形，橘黄色，顶端尖削，底有短柄插入植物组织内，使卵不易脱落。老熟若虫体长约1.6mm，体扁似盾甲，黄色或带绿色，体上有黑色块状斑。翅芽半透明，黄色或带淡绿色。

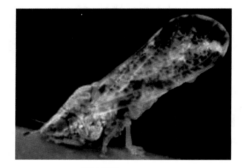

图6-41　木虱成虫

3. 发生特点

在柑橘周年有嫩梢发生的情况下，1年可发生11～14代，各代重叠发生。3～4月开始在新梢嫩芽上产卵繁殖，为害各次嫩梢，以秋梢期虫量最多。苗圃和幼年树经常抽发嫩芽新梢，容易发生木虱为害。光照强度大，光照时间长，柑橘木虱成虫存活率高，繁殖量大，发生严重。木虱在8℃以下时静止不动，14℃时能飞会跳，平时分散在叶背叶脉上和芽上栖息。18℃以上开始产卵繁殖，卵产于嫩芽缝隙处，每头多的能产卵300多粒。木虱只在柑橘嫩芽上产卵，没有嫩芽，初孵若虫也不能成活。

柑橘高产优质栽培与病虫害防治图解（第二版）

在夏季，卵期为4～6天，若虫有5龄，各龄期多为3～4天，自卵至成虫需15～17天。成虫喜在通风透光好处活动，树冠稀疏，弱树发生较重。越冬代成虫寿命半年以上，其余世代30～50天。

4. 防治方法

① 加强肥水管理，增加树势。

② 搞好果园规划，合理布局。同一果园内尽量做到品种、砧木、树龄一致，使其抽梢一致。

③ 柑橘木虱在3月中旬开始活动，此时虫体较虚弱，需要重点防治1～2次。冬季和各次放梢期，萌芽后芽长5cm时和新梢自剪前后即时喷药防治。可选择10%吡虫啉1500～2000倍液、1.8%阿维菌素2000～2500倍液、25%噻虫嗪4000～5000倍液、48%毒死蜱1500倍液、20%甲氰菊酯3000倍液。注意以上药剂交替使用。

（十一）橘蚜和橘二叉蚜

橘蚜属同翅目，蚜科。各柑橘产区均有分布。除为害柑橘外，橘蚜还可为害桃、梨、柿等，橘二叉蚜还可为害茶、可可、咖啡等植物。

1. 为害症状

成虫和若虫聚集在柑橘新梢、嫩叶、花蕾和花上吸食汁液（图6-42、图6-43），为害严重时常造成叶片卷曲、新梢枯死，同时诱发烟煤病，使枝叶发黑，影响光合作用。此外，蚜虫诱使蚂蚁吸食蜜露，妨碍天敌活

图6-42 受橘蚜为害枝叶

图6-43 受橘蚜为害叶片

动。橘蚜还是传播衰退病的媒介。

2. 形态特征

（1）橘蚜　分无翅和有翅两种。无翅胎生雌蚜体长1.3mm，体漆黑色，复眼黑红色，触角6节、灰褐色，腹后部两侧的腹管成管状，末端尾片乳突状，上生丛毛。有翅胎生雌蚜与无翅型相似，翅白色透明，前翅中脉分3个叉。无翅雄蚜与无翅雌蚜相似，体深褐色。卵黑色有光泽，椭圆形，长0.6mm左右。若虫体褐色，有翅若蚜的翅芽在第3、4龄时已明显可见。

（2）橘二叉蚜　有翅胎生雌蚜体长1.6mm，黑褐色，触角暗黄色，翅展2.5～3.0mm，透明，前翅中脉2分叉，故名为二叉蚜，并可据此与橘蚜相识别，腹管黑色。无翅胎生雌蚜体长2mm，暗褐色或黑褐色。有翅雄蚜和无翅雄蚜与雌蚜相似。若虫体长0.2～0.5mm，淡黄色。

3. 发生特点

1年发生10～20代不等，浙江黄岩1年发生10余代，在闽南可达20代以上。主要以卵在树枝上越冬。越冬卵到次年3月下旬至4月上旬孵化为无翅若蚜，即上新梢嫩叶为害，若虫成熟后即胎生若蚜，继续繁殖为害。每无翅胎生雌蚜1代最多可胎生若蚜68头。繁殖最适温度为24～27℃。雨水多，温度过高或过低，均不利于蚜虫的发生，因此，橘蚜在春夏之交及秋季数量最多，为害最重，而夏季温度高，死亡率高，寿命短，生殖力低。如环境不适或虫口密度过大，即有大量有翅蚜迁飞到条件适合的其他植株上继续为害。

4. 防治方法

① 农业防治：冬季结合修剪，除去被害枝及有蚜卵枝，并毁灭。

② 保护利用天敌：蚜虫的天敌较多，有七星瓢虫、异色瓢虫、草蛉、食蚜蝇和蚜茧蜂等，有一定的控制作用，要尽量减少用药。

③ 药学防治：在天敌少，蚜虫危害较重，新梢蚜害率达到25%时，开始使用下列对天敌毒性较低的药剂进行防治，或挑治喷药：10%吡虫啉2000～3000倍液、3%啶虫脒1500倍液、10%烯啶虫胺3000～5000倍液、

1.8%阿维菌素3000倍液、25%吡蚜酮3000～4000倍液，每10天1次，连喷2次。尽量少用菊酯类和有机磷类广谱性杀虫剂，以免杀伤天敌。

（十二）星天牛

成虫又名花牯牛、白星天牛、牛头夜叉，幼虫又叫盘根虫、抱脚虫、围头虫、蛀木虫、脚虫或烂根虫等。属鞘翅目，天牛科。寄主较多，为害柑橘、茶、无花果、枇杷、苹果、梨、樱桃、杏、桃、李、核桃、杨等。国内均有分布；国外分布于日本、缅甸、朝鲜等。

1. 为害症状

成虫啃食枝条嫩皮（图6-44），食叶成缺刻；成虫将卵产在柑橘根颈或主根的树皮内，幼虫迂回蛀食韧皮部，并推出粪屑，堵塞虫道，多横向蛀食形成迂回的螺旋形虫道，数月后蛀入木质部，并向外蛀1通气排粪孔，危害轻者植株部分枝叶变黄干枯，削弱树势，严重时造成根颈环割切断养分和水分输送而枯死（图6-45）。产卵处有泡沫状树液流出。

图6-44 星天牛成虫啃食树皮

图6-45 树干受星天牛为害状

2. 形态特征

成虫（图6-46）体长19～39mm，漆黑有光泽。触角丝状11节，第3～11节各节基半部有淡蓝色毛环。前胸背板中央有3个瘤突，侧刺突粗壮。鞘翅基部密布黑色小颗粒，翅表面有排列不规则的白色毛斑，每翅20余个，形成不规则的5横行，十分醒目。小盾片和足跗节有淡蓝色

图6-46 星天牛成虫

细毛。本种与光肩星天牛的区别就在于鞘翅基部有黑色小颗粒，而后者鞘翅基部光滑。卵长椭圆形，长约5～6mm，宽2.2～2.4mm。初产时白色，以后渐变为浅黄白色至黄色。老熟幼虫长45～70mm，乳白色至淡黄色，头部褐色，长方形，中部前方较宽，后方溢缩；额缝不明显，上颚较狭长，黑色，单眼1对，棕褐色；触角小，3节，第3节近方形。前胸背板前方有1对黄褐色飞鸟形斑纹，后方有1块黄褐色凸形大斑纹。中胸腹面、后胸和1～7腹节背、腹面均有长圆形移动器。胸足退化。蛹纺锤形，长30～38mm，初淡黄色后黑褐色。

3. 发生特点

南方1年发生1代，均以幼虫于木质部内越冬。翌春在虫道内做蛹室化蛹，蛹期18～45天。4月下旬至5月上旬开始羽化，5～6月为盛期。羽化后经数日才出树洞，成虫晴天中午活动和产卵，交配后10～15天开始产卵。卵产在主干上，以距地面3～6cm较多，产卵前先咬破树皮呈"L"或"T"形，伤口达木质部，产1粒卵于伤口皮下，产卵处表面隆起且湿润有泡沫，5～8月为产卵期，6月最盛。每雌可产卵70余粒，卵期9～15天。孵化后蛀入皮层，多于根颈部迂回蛀食，粪屑积于虫道内，超2个月后方蛀入木质部，并向外蛀1通气排粪孔，排出粪屑堆积干基部，虫道内亦充满粪屑，幼虫为害至11～12月陆续越冬。

4. 防治方法

① 4～6月在成虫发生期白天中午捕杀成虫；夏至前后在主干基部发现星天牛产卵处后，可用小铁锤对准刻槽锤击，锤死或用小刀等削除以杀死其中的卵或初孵幼虫；或用80％敌敌畏乳油10～50倍液涂抹产卵痕，毒杀幼虫。也可用钢丝刺杀或钩出幼虫。

柑橘高产优质栽培与病虫害防治图解（第二版）

② 用生石灰1份、清水4份，搅拌均匀后，自主干基部围绕树干涂刷0.5m高，可以防止星天牛成虫产卵。

③ 在有木屑及粪屑堆积处，用细铁丝钩从通气排粪孔钩出粪屑，然后塞入1～2个80％敌敌畏乳油或40％乐果乳油10～50倍液浸过的药棉球或注入80％敌敌畏乳油500～600倍液，施药后用湿泥封口，使其中的幼虫窒息死亡。

④ 星天牛的天敌被发现的不多，在浙江发现卵寄生蜂一种；蚂蚁搬食幼虫，螳螂取食幼虫和蛹。此外，发现幼虫体上有一种寄生菌，可加以利用。

（十三）褐天牛

褐天牛别名黑牯牛、牵牛虫、干虫、老木虫、橘天牛。属鞘翅目，天牛科。寄主主要是柑橘类，因此名橘天牛，吴茱萸、厚朴、枳壳、木瓜、忍冬、菠萝、葡萄、花椒也受害。各柑橘均有分布。

1. 为害症状

成虫产卵于距地面33cm以上的树干和主枝的树皮裂缝和孔口处，幼虫蛀食木质部，蛀孔处常有木屑排出落于地面，严重时将干枝造成许多孔洞（图6-47、图6-48），妨碍水分和养分输送，树势衰弱，蛀道纵横交错，干旱易干枯死亡或被大风吹折断。

图6-47 褐天牛为害状

图6-48 褐天牛蛀孔

2. 形态特征

成虫（图6-49）黑褐色，具光泽，体长26～51mm，宽10～14mm，被覆灰黄色短绒毛。头顶有1条深纵沟，额区的沟纹呈"（ ）"形。雄虫触角超过体长1/2～2/3，雌虫触角与体长相近或略短。前胸背板多脑纹状皱褶，侧刺突尖锐，鞘翅肩部隆起。鞘翅两侧近于平行，末端斜切。卵长约3mm，椭圆形，初产时乳白色，以后逐渐变黄，孵化前为灰褐色。卵壳上具网状纹和细刺状突起，上端具乳头状突起。老熟幼虫体长46～80mm，淡黄色或乳白色，扁圆筒形（图6-50）。前胸背板浅褐色，横列棕色的宽带4段。蛹长40～50mm，淡黄色，形似成虫。翅芽叶片状，伸达第3腹节后缘。

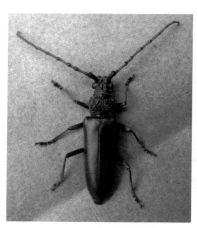

图6-49 褐天牛成虫

图6-50 褐天牛幼虫

3. 发生特点

2周年完成1代，以成虫或当年幼虫、2年生幼虫在虫道中越冬。翌年4月开始活动，5～8月产卵。初孵幼虫蛀食为害皮层，约经60天即蛀入木质部为害，经过2年到第3年5～6月化蛹后羽化为成虫，成虫白天潜伏，夜晚活动。活跃于枝干间，交尾、产卵。每处产卵1或2粒，老树皮层粗糙、侧枝分叉处多凹陷处卵粒较多。幼、壮树受害轻，老弱树受害重。根据虫粪的形状特征可辅助判别幼虫的大小，一般粪屑呈白色粉末状，且附着在被害处的，为小幼虫；粪屑呈锯屑状，且散落在地面的，

柑橘高产优质栽培与病虫害防治图解（第二版）

为中等幼虫；粪屑呈粒状的为大幼虫；若虫粪中混杂粗条状木屑，则表明幼虫已老熟，开始做室化蛹。

4. 防治方法

① 加强果园管理，促使果树生长旺盛，树干光滑，使之不利于天牛产卵和生存。枝干上的孔洞用黏土堵塞。在成虫产卵前用石灰浆刷主干、主枝，阻止成虫产卵。刷除枝干裂皮和苔藓等使其不利于产卵。

② 成虫盛发期，于闷热的晴天夜晚，捕捉成虫。

③ 夏至前后，5～7月，在枝干孔口附近用刀削除流胶或刷除裂皮，可刮除卵和初孵幼虫。

④ 钩杀或药杀，同星天牛。

（十四）柑橘潜叶甲

柑橘潜叶甲又名橘潜斧、橘潜叶虫等，主要分布在浙江、江苏、江西、湖北、湖南、四川、福建、重庆和山东等省，近年在浙江、江苏和江西等局部地区成灾。寄主仅柑橘。

1. 为害症状

成虫于叶背面取食叶肉和嫩芽，仅留叶面表皮，被害叶上多透明斑（图6-51）；幼虫蛀入嫩叶中取食，使嫩叶上出现不规则弯曲虫道，虫道中间有一条由排泄物形成的黑线。被幼虫为害的叶片不久便萎黄脱落（图6-52）。每年5、6月为害较重。

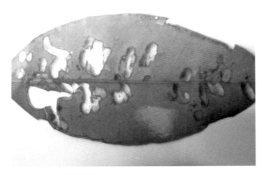

图6-51　柑橘潜叶甲成虫为害状

图6-52　柑橘潜叶甲幼虫为害状

2. 形态特征

（1）卵 椭圆形，长 0.68 ～ 0.86mm，宽 0.29 ～ 0.46mm，黄色，表面有六角形或多角形网状纹。

（2）幼虫（图6-53） 蜕皮 2 次共 3 龄，成熟后体长 4.7 ～ 7.0mm，深黄色。触角 3 节，胴部 13 节。前胸背板硬化，胸部各节两侧圆钝，从中胸起宽度渐减。各腹节前狭后宽，几成梯形。胸足 3 对，灰褐色，末端各具深蓝色微呈透明的球形小泡。

（3）蛹 体长 3 ～ 3.5mm，宽 1.9 ～ 2.0mm，淡黄色至深黄色。头部向腹部弯曲，口器达前足基部，复眼肾脏形，触角弯曲。

（4）成虫（图6-54） 体长 3 ～ 3.7mm，宽 1.7 ～ 2.5mm，椭圆形。头及前胸黑色，鞘翅及腹部均为橘黄色。眼球形，黑色。触角丝状，11 节。前胸背板遍布小刻点，鞘翅上有纵列刻点 11 行。足黑色，中、后足胫节各具 1 刺，跗节 4 节，后足腿节膨大。

图6-53 柑橘潜叶甲幼虫

图6-54 柑橘潜叶甲成虫

3. 发生特点

1 年发生 1 代，以成虫越冬越夏，越冬成虫翌年 4 月上旬开始活动和产卵，4 月下旬幼虫盛发，5 月上、中旬化蛹，5 月下旬至 6 月上旬成虫羽化，约 10 天后即开始蛰伏。成虫群居，喜跳跃，有假死习性，取食嫩芽嫩叶，卵产于嫩叶叶背或叶缘上。每个雌虫平均产卵 300 粒左右，卵期 4 ～ 11 天。幼虫孵化后爬行 1 ～ 2cm，经 0.5 ～ 1h 后，即从叶背面钻入叶内，向前取食叶肉，残留表皮，形成隧道，虫体清晰可见。幼虫一生可危害叶片 2 ～ 6 张，造成隧道 3 ～ 6 个，幼虫蜕皮后，遇气候不适或食

柑橘高产优质栽培与病虫害防治图解（第二版）

料不足，常出孔迁移，危害别的叶片。幼虫共蜕皮3次，经12～24天。幼虫老熟后多随叶片落下，咬孔外出，在树干周围松土中作蛹室化蛹，入土深度一般3cm左右。蛹期7～9天。成虫在10℃以下时，要在10点后才爬出土面，12℃以上时则终日在枝叶上。越冬成虫取食嫩叶，使之呈缺刻状，当年羽化成虫先取食叶片背面表皮，再食叶肉，残留叶面表皮成薄膜状圆孔，活动不久，随即交配，有多次交配习性。

4. 防治方法

4月上旬至5月中旬成虫活动和幼虫为害盛期各防治1次。可使用20%乐果1000倍液、90%敌百虫800倍液、80%敌敌畏1000倍液和20%甲氰菊酯3000倍。此外，作为防治的辅助措施，可摘毁被害叶、扫除新鲜落叶、清除地衣和苔藓、中耕松土灭蛹等。

（十五）恶性叶甲

恶性叶甲又名恶性橘啮跳甲、恶性叶虫、黑叶跳虫、黄滑虫等。属鞘翅目，叶甲科。恶性叶甲分布面广，历史上曾造成严重为害，主要分布在江苏、浙江、江西、福建、湖南、广西、广东、陕西、四川、重庆、云南，寄主柑橘类。

1. 为害症状

成虫取食嫩叶、嫩茎、花和幼果；幼虫食嫩芽、嫩叶和嫩梢，其分泌物和粪便污染致幼嫩芽、叶枯焦脱落，嫩梢枯死。成虫取食柑橘幼果，导致果实脱落或产生疤痕。以春梢受害最重。

2. 形态特征

（1）卵　长椭圆形，长0.6mm，乳白色至黄白色。外有一层黄褐色网状黏膜。

（2）幼虫（图6-55）　体长6mm，头黑色，体草黄色。前胸盾半月形，中央具1纵线分为左右两块，中、后胸两侧各生一黑色突起，胸足黑色。体背面有黏液粪便黏附背上。

（3）蛹　长2.7mm，椭圆形，初黄白后橙黄色，腹末具2对叉状突起。

（4）成虫（图6-56）　体长2.8～3.8mm，长椭圆形，蓝黑色有光泽。触角基部至复眼后缘具1倒"八"字形沟纹，触角丝状，黄褐色。前胸背板密布小刻点，鞘翅上有纵刻点10行，胸部腹面黑色，足黄褐色，后足腿节膨大，善于跳跃。胸部腹面黑色，腹部腹板黄褐色。

图6-55　恶性叶甲幼虫

图6-56　恶性叶甲成虫

3. 发生特点

浙江、湖南、四川和贵州年生3代，均以成虫在树皮裂缝、地衣、苔藓下及卷叶和松土中越冬。春梢抽发期越冬成虫开始活动，3代区一般3月底开始活动。各代发生期：第1代3月上旬到6月上旬，第2代4月下旬到7月下旬，第3代6月上旬到9月上旬，第4代7月下旬至9月下旬，第5代9月中旬至10月中旬，第6代11月上旬，部分发生早的可发生第7代。均以末代成虫越冬。全年以第1代幼虫为害春梢最重，以后各代发生甚少，夏、秋梢受害不重。成虫善跳跃，有假死性，卵产在叶上，以叶尖（正、背面）和背面叶缘较多，产卵前先咬破表皮成1小穴，产2粒卵并排穴中，分泌胶质涂布卵面。初孵幼虫取食嫩叶叶肉残留表皮（图6-57和图6-58），幼虫共3龄，老熟后爬到树皮缝中、苔藓下及土中化蛹。

4. 防治方法

① 清除越冬和化蛹场所，结合修剪，彻底清除树上的霉桩、苔藓、地衣，堵树洞，消灭苔藓和地衣可用松脂合剂，春季用10倍液，秋季用18倍液或结合介壳虫防治。

图6-57 恶性叶甲幼虫取食叶片

图6-58 受恶性叶甲为害的叶片

② 成虫和老熟幼虫可采用振落搜集捕杀；根据幼虫有爬到主干及其附近土中化蛹的习性，在主干上捆扎带有大量泥土的稻草，诱集幼虫化蛹，在成虫羽化前集中烧毁。

③ 化学防治，第1代幼虫孵化率达40%时，开始喷药，药剂可选用90%晶体敌百虫1000倍液、80%敌敌畏1000倍液、20%甲氰菊酯2000倍、2.5%鱼藤酮乳油160 ～ 320倍液、48%毒死蜱乳油1200倍液。

（十六）潜叶蛾

1. 为害症状

柑橘潜叶蛾属鳞翅目橘潜蛾科，俗称绘图虫、鬼画符等，该虫以幼虫蛀入柑橘嫩梢嫩叶和果实表皮层下取食，形成银白色的弯曲隧道，受害叶片卷曲、变形（图6-59），易于脱落，影响树势和来年开花结果。受害果易腐烂脱落（图6-60），故它是我国对原苏联出口检疫对象，被害叶

图6-59 枝梢受潜叶蛾为害状

图6-60 果实受潜叶蛾为害状

片常常是害虫的越冬场所，其造成的伤口有利于柑橘溃疡病菌的侵入。

2. 形态特征

（1）卵　椭圆形，白色透明，底部平而成半圆形突起，长0.3～0.6mm。

（2）幼虫（图6-61）　初孵幼虫浅绿色，形似蝌蚪。3龄幼虫虫体黄绿色，4龄幼虫虫体乳白色，略带黄色，虫隧道明显加宽。

（3）预蛹和蛹　预蛹长筒形，长约3.5mm，纺锤形，初化蛹时淡黄色，后渐变黄褐色。

（4）成虫（图6-62）　体长2mm，翅展5.3mm。头部平滑，银白色，触角丝状，前胸披有银白色毛。前翅披针形，翅基部有两条褐色纵纹，翅中部有Y字形黑纹；翅尖有一个黑色圆斑，大斑之内有一较小白斑。后翅银白色，针叶形，缘毛极长。足银白色。雌蛾腹末端近于圆筒形，雄蛾末端较尖细。

图6-61　潜叶蛾幼虫及为害状　　　图6-62　潜叶蛾成虫

3. 发生特点

　　1年发生9～15代，世代重叠，以蛹或老熟幼虫在晚秋梢或冬梢叶缘卷曲处越冬。4月下旬越冬蛹羽化为成虫，5月即可在田间为害，7～8月夏、秋梢抽发盛期为害最重。成虫白天潜伏在叶背或杂草丛中，傍晚6～9时产卵。雌虫选择在0.5～2.5cm的嫩叶背面中脉两侧产卵，幼虫孵化后从卵底潜入嫩叶或嫩梢表皮下蛀食，形成弯曲的隧道。隧道白色光亮，有1条由虫粪组成的细线。4龄幼虫不再取食，多在叶缘卷曲处化蛹。潜叶蛾适宜的温度为20～28℃，26～28℃温度条件下发育快，夏、秋季雨水多有利于嫩梢抽发，为害比较严重，幼树和苗木受害较重，秋梢受害重。

4. 防治方法

（1）农业防治　适时抹芽控梢，摘除过早或过晚抽发的不整齐的嫩梢，减少其虫口基数和切断食物链。放梢前半月施肥，干旱灌水使夏、秋梢抽发整齐，以利于集中施药。

（2）生物防治　9月以后在重庆橘潜蛾白星姬小蜂等寄生性天敌数量较多，应注意保护。在广东捕食性天敌有草蛉和蚂蚁。

（3）化学防治　多数新梢长0.5～2cm时施药，7～10天1次，连续2～3次。使用药剂有1.8%阿维菌素乳油2000～3000倍液、3%啶虫脒乳油1500～2500倍液、10%吡虫啉可湿性粉剂1500～2000倍液、20%除虫脲悬浮剂1500～2500倍液、20%丁硫克百威乳油1000～1500倍液、5%伏虫隆乳油1000～2000倍液、5%虱螨脲乳油1000～2000倍液、20%甲氰菊酯乳油或2.5%溴氰菊酯乳油1500～2000倍液。

（十七）柑橘凤蝶

柑橘凤蝶又名橘黑黄凤蝶、金凤蝶，该虫分布于我国各柑橘区。

1. 为害症状

柑橘凤蝶以幼虫为害柑橘的芽、嫩叶、新梢，初龄时取食成缺刻与孔洞状，稍大时常将叶片吃光，只残留叶柄。苗木和幼树受害最重，尤以山区发生较多，影响枝梢抽生。

2. 形态特征

（1）卵（图6-63～图6-65）　直径约1.5mm，圆球形，初产时淡黄色，渐变为深黄色，孵化前淡紫色至黑色。初孵幼虫暗褐色，有肉状突起，头、尾黄白色极似鸟类。老熟幼虫（图6-66）体长38～42mm，鲜

图6-63 柑橘凤蝶卵

图6-64 柑橘凤蝶3日龄幼虫

图6-65 柑橘凤蝶7日龄幼虫

图6-66 柑橘凤蝶老熟幼虫

绿色至深绿色，后胸前缘有一齿状黑线纹，其两侧各有1个黑色眼状纹，眼斑间有深褐色带相连；体侧气门下方有白斑1列，4条斜纹细长，灰黑色，有淡白色边；臭角腺黄色，有肉状突起。

（2）蛹（图6-67）　体长30～32mm，初化蛹时淡绿色，后变为暗褐色，腹面带白色。

（3）成虫（图6-68）　分春型和夏型两种。春型雌虫，体长21～28mm，翅展69～95mm。翅黑色，斑纹黄色。胸、腹部背面有黑色纵带直到腹末。前翅三角形，黑色，外缘有8个月牙形黄斑。后翅外缘有6个月牙形黄斑。臀角有一橙黄色圆圈，其中有小黑点。前翅近基部的中室内有4条放射状黄纹；翅中部从前缘向后缘有7个横形的黄斑纹；向后依次逐渐变大。夏型个体较大，黄斑纹亦较大，黑色部分较少。

图6-67 柑橘凤蝶蛹   图6-68 柑橘凤蝶成虫

3. 发生特点

该虫在江西、重庆1年发生4代，广东、福建5～6代均以蛹在枝梢上越冬。翌年春暖羽化成成虫。成虫日间活动，飞翔于花间，采蜜、交尾，卵散产于柑橘嫩芽或嫩叶背面；卵期约1周，初孵幼虫为害嫩叶，在叶面上咬成小孔，稍长后将叶食成锯齿状，第5龄幼虫食量大，1日能食叶5～6片，遇惊动时，迅速伸出前胸前缘黄色的臭角，放出强烈的气味以拒避敌害。老熟幼虫选在易隐蔽的枝条或叶背，吐丝作垫，以尾足抓住丝垫，然后吐丝在胸腹间环绕成带缠在枝条上以固定，蛹的颜色常因化蛹环境而异。

4. 防治方法

① 人工捕杀：清晨露水未干时，人工捕杀成虫；白天网捕成虫，其次在新梢抽发期捕杀卵、幼虫和蛹。

② 生物防治：保护利用卵和幼虫寄生蜂凤蝶赤眼蜂或寄生蛹的凤蝶金小蜂和广大腿小蜂。

③ 药剂防治：在幼虫发生量大时，用90%敌百虫800～900倍液、80%敌敌畏乳油1000倍液、2.5%溴氰菊酯乳油或20%杀灭菊酯乳油5000倍液、24%甲氧虫酰肼悬浮剂2000倍液、20%虫酰肼悬浮剂3000倍液、10%虫螨腈2000倍液喷树冠、50%杀螟硫磷乳油1000～1500倍液、苏云金杆菌可湿性粉剂（8000国际单位）400～600倍、1.8%阿维菌素乳油3000倍液进行防治。

(十八)玉带凤蝶

玉带凤蝶又名白带凤蝶、黑凤蝶等,属鳞翅目,凤蝶科。寄主植物除柑橘外,尚有花椒、山椒等芸香科植物。我国各柑橘产区均有分布。

1. 为害症状

玉带凤蝶幼虫为害柑橘和芸香科植物,蚕食嫩叶和嫩梢,常造成树势衰弱,初龄幼虫食成缺刻与孔洞,稍大常将叶片吃光,大量发生时果园嫩梢均可受害,严重时新梢仅剩下叶柄和中脉,影响枝梢的抽发,产量降低。

2. 形态特征

(1)卵(图6-69～图6-71) 直径约1.2mm,圆球形,初产时淡黄白色,后变为深黄色,近孵化时变为灰黑色。第1、2龄幼虫为黄白色至黄褐色,3龄黑褐色,4龄鲜绿色。老熟幼虫(图6-72)体长34～44mm,深绿色。后胸前缘有齿状黑纹,其两侧各有黑色眼状纹,第2腹节前缘有黑带1条,第4、5节两侧具斜形黑、褐色间以黄绿紫灰各色的斑点花带1条,臭腺紫红色。

(2)蛹 长32～35mm,灰黑色、灰黄色、灰褐色或绿色。

(3)成虫(图6-73) 体长25～32mm,翅展90～100mm,黑色。雄虫前翅外缘有黄白色斑点7～9个,从前向后逐渐变大,后翅中部从前缘向后缘横列着7个大型黄白色斑纹,横贯前后翅,形似玉带。后翅外缘呈波浪形,尾突长如燕尾。雌蝶有两型:一型色斑与雄蝶相似;另

图6-69 玉带凤蝶卵

图6-70 玉带凤蝶3日龄幼虫

图6-71 玉带凤蝶7日龄幼虫

图6-72 玉带凤蝶老熟幼虫

一型后翅外缘具半月形红色小斑点6个,在臀角处有深红色眼状纹,中央有4个大型黄白色斑。

3. 发生特点

长江流域每年发生4～6代,以蛹在枝梢间越冬,世代重叠。3～4月成虫出现,4～11月均有幼虫发生,以5月中下旬、6月下旬、8月上旬和9月下旬为发生高峰期。幼虫期在重庆第2代15天,第3代约12天,第4代约20天,部分可完成第5代,其幼虫期约28天。成虫白天飞翔于林间庭园,吸食花蜜或雌雄双双飞舞,相互追逐、交尾,交尾后当日或隔日产卵,卵单粒附着在柑橘嫩叶及嫩梢顶端,每雌产卵5～48粒。初孵幼虫取食叶肉,沿着叶缘啃食,常将叶肉吃尽仅剩下主脉或叶柄(图6-74),受到惊动或干扰时迅速翻出臭角,挥发出芸香科的气味,以保护自卫,吓退敌害。5龄幼虫每昼夜可食叶5～6片,对幼苗、幼树和嫩梢为害极大。老熟幼虫

图6-73 玉带凤蝶成虫

图6-74 玉带叶受凤蝶为害状

在枯枝、叶上吐丝垫固着尾部，再系丝于腰间，悬挂在附着物上化蛹。

4. 防治方法

同柑橘凤蝶。

（十九）柑橘大实蝇

又名柑蛆、黄果虫，其受害果又称蛆柑，属双翅目实蝇科。我国四川、贵州、云南、湖北、湖南、重庆、陕西和广西等省（区、市）均有分布。危害柑橘类的果实。

1. 为害症状

雌成虫将卵产于柑橘幼果的果瓤中，由于产卵行为的刺激，在果皮表面形成一个小突起，突起周边略高，中心略凹陷，称之为产卵痕。卵在果瓤中孵化成幼虫，取食果肉和种子；受害果未熟先黄，黄中带红，变软，后落果、腐烂（图6-75）。若果实中幼虫较少，果实不落，仅果瓤受害腐烂。

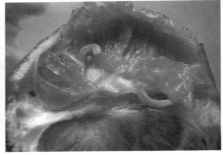

图6-75 柑橘大实蝇幼虫及为害状

2. 形态特征

（1）卵 长椭圆形，乳白色，一端稍尖细，另端较圆钝，中部略弯曲，长1.2～1.5mm。

（2）幼虫 蛆形，前端小，尾端大而钝圆，乳白色，口钩黑色常缩入前胸内，老熟时长14～18mm。

（3）蛹 椭圆形，黄褐色，长8～10mm。

（4）成虫（图6-76） 体长 12～13mm，黄褐色。胸背无小盾片前鬃，也无翅上鬃，肩板鬃仅具侧对，中对缺或极细微，不呈黑色，前胸至中胸背板中部有栗褐色倒"Y"形大斑1对，腹基部狭小，可见5节，腹部背面中央有一黑色纵纹与第3节前缘的一黑色横纹交

图6-76 柑橘大实蝇成虫

叉呈"十"字形。第4和第5腹节前虽有黑色横纹，但左右分离不与纵纹连接。产卵器长大，基部呈瓶状，基部与腹部约等长，其后方狭小部分长于第5腹节。

3. 发生特点

该虫1年发生1代，以蛹在土中越冬。越冬蛹于4～5月上旬晴天羽化为成虫。成虫出土后先在地面爬行待翅展开后便入附近有蜜源处（如桃林和竹林等）取食蜜露作为补充营养，直至产卵前才飞入橘园产卵，6月上旬至7月中旬为产卵期，6月中旬为盛期。7～9月卵在果中孵化为幼虫蛀食果肉，9月下旬至10月中下旬幼虫老熟，脱果入土，在土中3.3～6.6cm处化蛹。成虫晴天中午活动最甚，飞翔较敏捷，常栖息叶背面和草丛中。成虫一生多次交配，羽化后1个月左右才开始产卵，卵多产于枝叶茂密的树冠外围的大果中。甜橙产卵痕多在果腰处，呈乳突状，橘子产卵痕多在果脐部，不明显，柚子则多在果蒂部微下凹。卵期约1个月，果内有幼虫5～10头。受害果多在9～10月脱落。阴山和土壤湿润果园及附近蜜源多的果园受害均重。枝叶茂盛的树冠外围大果受害多。土壤含水量低于10%或高于15%均会造成蛹大量死亡。远距离传播主要靠带虫果实、种子及带土苗木。甜橙和酸橙受害较重。

4. 防治方法

① 不要从发生区引进果实、种子和带土苗木。

② 9～10月摘除刚出现症状的果实深埋。

③ 羽化期和幼虫入土时地面喷药，成虫羽化始盛期开始喷药防治，药液中加入2%～3%糖液，隔行条施或点喷1/3植株的1/3树冠，7～10天施1次，连续喷施3～4次；药剂有1.8%阿维菌素乳油1500～2000倍液、90%敌百虫晶体800～1000倍液、48%毒死蜱乳油800～1000倍液、50%丙溴磷乳油1000～1500倍液、2.5%溴氰菊酯乳油或2.5%三氯氟氰菊酯乳油或10%氯氰菊酯乳油1500～2000倍液、20%丁硫克百威乳油1000～1500倍液。

④ 释放辐射不育雄虫降低虫口。

⑤ 冬季翻耕园土，可杀死部分越冬蛹；成虫发生期可用糖酒醋液诱杀成虫。

（二十）橘小实蝇

又名东方果实蝇和黄苍蝇，属双翅目实蝇科。我国广东、广西、湖北、湖南、四川、重庆、贵州、云南、福建和台湾等地均有分布。寄主有柑橘、芒果、香蕉、杨桃、枇杷、番石榴、桃、梨、李、西红柿、辣椒和茄子等250余种植物。

1. 为害症状

成虫产卵于柑橘果实的瓤瓣和果皮之间，产卵处有针刺状小孔和汁液溢出，凝成胶状，产卵处渐变成乳突状的灰色或红褐色斑点。卵孵化后幼虫蛀食果瓣使果实腐烂脱落。

2. 形态特征

（1）卵　棱形，乳白色，稍弯曲，一端稍细而另一端略钝圆，长约1.0mm。

（2）幼虫　1龄幼虫体长1.2～1.3mm，半透明。2龄幼虫乳白色，长2.5～2.8mm。3龄幼虫橙黄色，圆锥形，长7.0～11mm。共11节，口钩黑色。

（3）蛹　椭圆形，淡黄色，长约5.0mm，由11节组成。

（4）成虫　雌成虫体长约7mm，翅展16mm，雄成虫体长6mm，翅展14mm，黄褐色至深褐色，复眼间黄色，3个黑色单眼排列成三角形。颊黄色。触角具芒壮，角芒细长而无细毛，触角第3节为第2节的2倍。胸部背面中央黑色而有明显的2条柠檬黄色条纹，前胸背板鲜黄色，中后胸背板黑色。翅透

图6-77　橘小实蝇成虫

明，翅脉黄色，翅痣三角形，腹部黄至赤褐色，雄虫腹部为4节，雌虫腹部为5节，产卵管发达，由3节组成。3～5腹节背面中央有显著黑色纵纹与第2节的黑色横纹相交成T字形（图6-77）。

3. 发生特点

该虫1年发生3～5代，田间世代重叠，同一时期各虫态均可见。成虫早晨至中午前羽化出土，但以8时前后出土最多，成虫羽化后经性成熟后方能交配产卵，产卵前期夏季为20天，春、秋季为25～60天，冬季为3～4个月。产卵时以产卵器刺破果皮将卵产于果瓣和果皮之间，每孔产卵5～10粒，每个雌成虫一生可产卵200～400粒，产卵部位以东向为多。橘小实蝇在梅州柑橘园6月下旬至9月上旬为产卵期，7月下旬为产卵盛期，9月下旬受害果开始脱落，10月下旬为脱落盛期。夏季卵期约2天，冬季3～6天。幼虫期夏季7～9天，秋季10～12天，冬季15～20天。幼虫孵出后即钻入果瓣中为害，致使果实腐烂脱落。幼虫蜕皮2次老熟后即脱果钻入约3.0cm土层中化蛹。幼虫少，受害轻的果实也暂不脱落。

4. 防治方法

防治同柑橘大实蝇的方法。另外可在2.0ml甲基丁香酚原液中加敌百虫滴于橡皮头内，将其装入用矿泉水瓶制成的诱捕器内挂于离地1.5m的树上，每60m挂一个，每30～60天加一次性诱剂诱杀成虫。

（二十一）蜜柑大实蝇

又名日本蜜柑蝇（图6-78），属双翅目实蝇科。我国广西、台湾、

151

四川、山东、安徽和江苏等地少
数柑橘园有分布。仅为害柑橘类
的果实和种子。系国内和国际植
物检疫对象。

图6-78 蜜柑大实蝇成虫

1. 为害症状

成虫产卵在果实的瓤瓣内，产
卵孔圆形或椭圆形，孔口多不封
闭，孔口边缘多为灰白色，少数褐色或黑褐色，产卵孔周围有不明显的
淡黄色晕圈。多数产卵孔有黄色胶质溢出，呈露珠状，后脱落，并有龟
裂纹。幼虫孵出后即取食果肉和种子，受害果在10月前后未熟先黄而脱
落。但果实多不腐烂。

2. 形态特征

（1）卵　乳白色，椭圆形略弯，长0.9～1.5mm。

（2）幼虫　初孵时乳白色，老熟时黄白色，老熟时长12～15mm。
口钩发达，黑色。

（3）蛹　椭圆形，鲜黄色至黄褐色，长8～10mm。

（4）成虫　雌成虫体长10～12mm，雄成虫体长9.9～11mm，体黄
褐色。头部黄褐色，单眼三角区黑色，触角黄褐色，触角与角芒等长，
角芒暗褐色。胸部背板红褐色，中央有"人"字形的褐色纵纹。胸部有
肩板鬃2对，背侧鬃2对，小盾鬃1对。翅膜质透明，翅痣和翅端斑黑褐
色。腹部背面黄褐色，从基部至第5腹节后缘有黑色纵纹与第3节前缘黑
色横纹相交成十字形。产卵管长度约等于腹部第二至五节长度之和，其
后端狭小部分短于腹部第五背板长。

3. 发生特点

在广西1年发生1代，主要以蛹在土中越冬，也有少数幼虫在果中越
冬。成虫于4月中旬开始出土，5月上、中旬达盛期，6月中旬为末期。6
月中旬至9月中旬产卵，7月下旬至8月中旬达盛期。卵于7月下旬至11

月孵化，8月下旬至9月下旬为幼虫盛发期。幼虫于10月上旬开始脱果入土，10月下旬至12月中旬达盛期。成虫在雨后晴天8～13时出土，活动最盛。羽化后经2个月才出现产卵盛期。成虫常以蚜虫和蚧类的蜜露为补充营养。对糖酒醋液有趋性。土壤疏松，含水量中等的均有利于其成虫出土。成虫一般在晴天产卵，产卵于果实腰部，一处产卵1～2粒。卵期40～50天，1果有幼虫通常1～3头。受害果多不腐烂。幼虫脱果后即钻至3.3～6.6cm土层中化蛹。少数蛹在果中。

4. 防治方法

参照柑橘大实蝇防治。此外在调运种子时，先用17%盐水选种，去除虫粒等晾干后再用磷化铝12g/m³密闭熏蒸6天，检查种子无虫时再调运。

（二十二）花蕾蛆

又名橘蕾瘿蝇、柑橘瘿蝇和包花虫，其受害花称灯笼花和算盘子。属双翅目瘿蚊科。我国各柑橘产区均有分布。仅为害柑橘类。

1. 为害症状

成虫在花蕾现白直径2～3mm时从花蕾顶部将卵产于花蕾中，卵孵化后幼虫食害花器，使花瓣短缩变厚，花蕾成白色圆球形（图6-79、图6-80），花瓣上有分散小绿点。受害花蕾的花丝呈褐色，花柱周围有许多黏液以增强它对干燥环境的适应力。花蕾松散而不能开放和结果它直接降低果实产量。

图6-79 正常花蕾（左）、畸形花蕾（右）

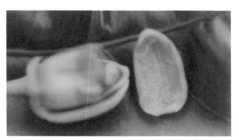

图6-80 花蕾里的花蕾蛆

2. 形态特征

雌成虫体长 1.5 ～ 1.8mm，翅展 4.2mm，暗黄褐色，周身密被黑褐色柔软细毛。头扁圆形，复眼黑色，无单眼，触角细长、14 节、念珠状，每节膨大部分有 2 圈放射状刚毛。前翅膜质、透明、被细毛，在强光下有金属闪光，翅脉简单。足细长黄褐色，腹部 10 节，但仅能见到 8 节，每节有黑褐色细毛一圈。第 9 节为针状的伪产卵管。雄成虫略小，体长 1.2 ～ 1.4mm，翅展 3 ～ 5mm，触角哑铃状、黄褐色。腹部较小，有抱握器 1 对。卵长椭圆形、无色透明，长约 0.16mm。老熟幼虫长纺锤形、橙黄色，长约 3.0mm。前胸腹面有一黄褐色 Y 字形剑骨片。但 1 龄幼虫较小、无色，2 龄体长 1.6mm、略带白色。蛹纺锤形，黄褐色，长约 1.6mm，快羽化时复眼和翅芽变为黑褐色，外有一层长约 2.0mm 黄褐色的透明胶质蛹壳。

3. 发生特点

该虫 1 年中发生 1 代，个别 1 年 2 代，以幼虫在土中越冬。发生时期因各地区和每年的气温不同而异，在重庆一般 3 月下旬至 4 月初柑橘现蕾时成虫出土，出土盛期往往随雨后而来，刚出土成虫先在地面爬行，白天潜伏于地面夜间交配产卵，成虫出土后 1 ～ 2 天即可交尾产卵，产卵后成虫很快死亡。卵期 3 ～ 4 天，顶端疏松的花蕾最适产卵，卵产在子房周围。4 月中下旬为卵孵化盛期，幼虫食害花器使花瓣增厚变短，花丝花药成褐色。幼虫共 3 龄，1 龄期为 3 ～ 4 天，2 龄期为 6 ～ 7 天。幼虫在花蕾中生活约 10 天，即爬出花蕾弹入土中越夏越冬。一个花蕾中最少有幼虫 1 ～ 2 头（图 6-80），最多可达 200 余头。蛹期 8 ～ 10 天。阴雨有利于成虫出土和幼虫入土，故阴湿低洼果园、阴山和隐蔽果园、沙壤土果园和现蕾期多阴雨均有利于其发生。干旱等天气不利于发生。

4. 防治方法

① 关键是在成虫出土（花蕾现白）和幼虫入土期进行地面施药。药剂有 50% 辛硫磷或 40% 毒死蜱 1000 ～ 2000 倍液，20% 甲氰菊酯或 20%

杀灭菊酯或2.5%溴氰菊酯2000～3000倍液，90%敌百虫800倍液，80%敌敌畏1000倍液，20%二嗪农颗粒剂1.1kg/亩。每7～10天1次，连用1～2次，如果同时喷树冠效果更好。

② 在成虫羽化出土前用塑料薄膜覆盖果园地面闷死成虫阻止上树产卵，还可控制杂草。幼虫入土前摘除受害花蕾深埋或煮沸以杀灭幼虫。冬春翻土可杀死土中部分幼虫和蛹。

第七章

采收与储藏

一、柑橘采收

二、柑橘储藏环境要求及
　　储藏方式

三、柑橘储藏病害及防治

一、柑橘采收

（一）采收期的确定

1. 采收要适时

柑橘一旦采收，营养物质总含量不再提高，为了保证商品果的质量，应根据不同用途，达到要求的成熟度后才采收（图7-1）。不同成熟度的果实，品质和储藏性是不同的。过早采收，内质差（味酸等），果皮色泽偏绿，储藏后风味差、果皮色泽淡（图7-2）；过迟采收虽然储藏初期品质好，但因果实自身的抗病性和耐储藏性较差，储藏后容易病变和腐烂，品质下降也快。因此，长期储藏的果实要求采收适当早些，短期储藏的果实则采收晚些，而用于急销和加工的果实要求充分成熟时才采收。

图7-1 成熟时采收果实

图7-2 过早采收果实

2. 确定采收期的方法

通常以果皮色泽、可溶性固形物与有机酸的比值为采收期主要指标，果汁含量为参考指标（柠檬类以果皮色泽和有机酸含量为主要指标）（图7-3）。柑橘的采收期指标制定：对果实不同成熟度的果皮色泽（比色板测定或色差仪测定），绘制比色板或记录色泽等级；测定果实不同成熟度的可溶性固形物和有机酸含量（可溶性固形物用手持测糖仪测定，有机酸用酸度仪或酸碱滴定法测定），算出固酸比值；根据采收时的品质、储后果

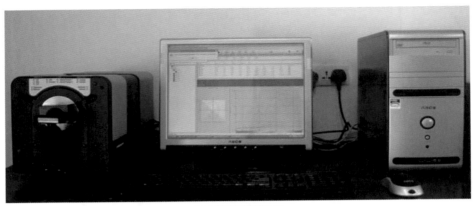

色差仪测定柑橘色泽

比色板测定柑橘色泽

柑橘含酸量测定

柑橘可溶性固形物测定

待采收柑橘

图7-3 柑橘果实采收期主要理化指标测定

实品质和耐储性等，确定某成熟度为采收成熟度，该成熟度的固酸比值、果皮色泽为最适采收时固酸比值和果皮色泽级别。以后每年即可测定果皮色泽和果肉固酸比值，确定该年的最适采收时期（表7-1）。

表 7-1　柑橘采收成熟度指标

种类	色泽	可溶性固形物最低含量/Brix（20℃）	固酸比	最低果汁含量/%
甜橙类	具有该品种成熟后的典型颜色，除夏橙外，允许水果表面有不超过1/5的淡绿色	9	（8～9）：1	40
宽皮柑橘类	除特早熟温州蜜柑外，果实表面至少1/3具有该品种成熟后的典型颜色	8.5	（8～9）：1	45
柠檬类	具有该品种成熟后的典型颜色，当满足最低果汁含量要求时，果皮允许有绿色，但不能为深绿色	（含酸量≥4.0%）	—	45
葡萄柚类	具有该品种成熟后的典型颜色，当满足最低果汁含量要求时，允许果皮略有绿色	9	（7～8）：1	35
柚类	果实表面至少2/3具有该品种成熟后的典型颜色	9	（8～9）：1	33
橘、橙类和橘柚类	果实表面至少1/3具有该品种成熟后的典型颜色	9.5	（8～9）：1	35

（二）采收方法

1. 采果计划

为了保证良好的储藏保鲜效果，在采果前必须做好采果计划的一切准备工作，在采果前30天按表7-2的计划项目制订好采收工作计划。

表 7-2　柑橘采收工作计划表

计划项目	计划量
果园选定	
产量	
成熟期	
劳动力数量及来源	
运输工具	
储藏库房	
处理药物	
包装材料	
分级包装设备	
销售地区及数量	

2. 采果工具准备

（1）采果剪　柑橘采果剪是特制的，必须是圆头而且刀口锋利、合缝（图7-4），才能使剪下的果梗平整光滑，不发生抽心现象。对于高大的结果树，可采用拉绳带网袋高空采果剪。

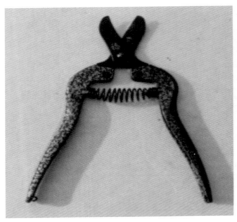

(a) 采果剪

(b) 采果梯

(c) 采果篓

(d) 采果箱

图7-4　采果工具

（2）采果篓　用竹篾或荆条编制而成。篓内应衬垫棕片或厚塑料薄膜，以免刺伤或擦伤果实。篓口系木钩或铁钩，便于在树上或果梯上移动悬挂。果篓大小以装果10～15kg为宜。

（3）采果箱　以塑料最佳，轻便、牢固、耐用、内壁光滑，每箱可装果40～50kg，装果后可多层堆放，运输量大；空塑料箱可以重叠存放，占用体积小，搬运也方便。如用竹篾或荆条编制的箩筐，筐内须衬垫棕片或厚塑料薄膜等物。如用木箱，内壁一定要光滑干净，以免刺伤、碰伤果实。

（4）采果梯　依树体大小使用相应高度的果梯。采果梯宜采用双面梯，既可调节高度，又不致靠在树上损伤枝叶和果实。对结果部位较低的可使用高凳。

3.采收方法

柑橘果实采收工作是栽培管理工作的最后一环，也是储藏保鲜工作的开始，是储藏保鲜工作最重要的一环。采收质量的好坏，直接关系到果实储藏保鲜效果的好坏，特别要避免机械损伤。机械损伤的果实，由于组织结构受到破坏，生理机能失调，加速衰老败坏；同时为病菌开了入侵之门，病菌的入侵、繁殖、生长，造成果实腐烂。

采果时，不能用手扯下，也不能用折断果枝的办法采收。通常用复剪法采收柑橘：第一剪离果蒂3～5cm处剪下，再齐果蒂复剪一刀（图7-5），务必不伤果蒂，并保持萼片完整，果实采收后用手触摸果蒂不刺手，采下的果实先装入采果篓或采果袋内，再从采果篓或采果袋转入采果箱。果实装入采果箱后，直接运到储藏场所进行储藏保鲜处理。

图7-5　双剪法采果方法

（三）采收时应注意的事项

柑橘采收时的注意事项见表7-3。

表7-3　柑橘采收时的注意事项

注意事项	具体要求
不良天气下不宜采果	凡遇下雨、落雪、起雾、打霜、刮大风的天气以及树上水分未干时，不应采果
避免指甲刺伤果实	采果人员应先将指甲剪平，戴上软质手套，以免采果时指甲刺伤果实
不要拉松或拉落果蒂	果枝离手较远时，不要攀枝拉果，以免拉松果蒂造成果实在储藏中腐烂
规范采果技术	严格实行复剪法采果
避免果实碰伤或压伤	装篓和装箱时，轻拿轻放，避免果实碰伤；采果篓和采果箱空间装至八九成满为宜，避免果实压伤；在运输过程中，注意避免果实压伤或碰伤
不适合储藏的果实不进库房	入库前，在果园进行初选，筛选出不适于储藏的果实
及时进行防腐保鲜处理	果实不要在露天过夜，需要药物处理的必须及时进行

二、柑橘储藏环境要求及储藏方式

（一）柑橘储藏环境要求

1. 温度

温度直接影响果实的呼吸代谢和病菌的生长繁殖速度。在储藏环境中，果实的呼吸代谢随温度的升高而增强，导致果实营养物质消耗、衰老加快。病菌的生长繁殖速度也随温度的升高而加快，温度愈高，果实腐烂愈多。常温储藏的柑橘，每年开春后，由于库温逐渐升高，果实腐烂会明显增多，品质下降也快。但是，柑橘的储藏温度又不能太低，否则柑橘果实会受冷害而发生水肿等病害，随之腐烂变质而失去经济价值。柑橘储藏适宜的温度条件：甜橙类和宽皮柑橘类库内长期储藏（60天以上）适宜温度为4～6℃，短期储藏（60天以下）可调至3～5℃；柚类为6～8℃，短期储藏（60天以下）为4～6℃；柠檬为10～12℃。

2. 湿度

果实刚采下时，果皮的相对湿度处于饱和状态，如果空气湿度低于果皮湿度，果皮里的水分必然蒸腾散失，果实失水过多后出现萎蔫，影响果实的新陈代谢，原果胶分解加快，促进褐斑病等病害的发生，果实风味烈变，削弱果实的抗病性和耐储性。但是，空气湿度过高，会使真菌等微生物旺盛繁殖生长，引起果实腐烂。同时，在选择湿度时必须考虑到其他环境条件，通常认为，在低温的条件下，果实可以在比较高的相对湿度条件下进行储藏，而在较高的温度条件下，应当保持相对较低的空气湿度。柑橘储藏适宜的湿度条件：甜橙、柠檬相对湿度85%～90%，宽皮柑橘80%～85%，柚类相对湿度70%～75%比较适宜。进行薄膜单果包装的果实，大大削弱了库内湿度条件对果实的影响，库房的相对湿度可以低一些，但最好还是尽量控制到接近适宜的相对湿度。

3. 气体成分和风速

柑橘在储藏环境中，除了温度和相对湿度外，空气的组分也对果实的储藏效果产生较大的影响。氧气是生命活动中不可缺少的元素，影响着果实的呼吸代谢。适当降低空气中氧气含量或增加二氧化碳含量，都能抑制果实的呼吸作用，有利于保持果实品质。但柑橘果实对二氧化碳较敏感，如在储藏环境中二氧化碳含量过高，会导致果实二氧化碳伤害，发生病变，特别是在低氧环境中，在储藏中要注意控制。柑橘储藏适宜的气体成分：氧气为10%～15%；二氧化碳，甜橙类为1%～5%，宽皮柑橘类、柚类和柠檬为1%～3%。柑橘储藏环境中，风速过大，会增强果实蒸腾作用，而过小，不利于空气流通和降温，柑橘储藏库中适宜的风速：非制冷储藏，0.05～0.10m/s；制冷储藏，0.15～0.30m/s。

4. 环境卫生

储藏场所和包装容器的清洁卫生对柑橘果实的储藏保鲜效果影响甚大。不清洁的场所和包装容器中，高浓度的病原菌孢子侵染柑橘而导致腐烂。有研究人员对同一来源甜橙进行储藏场所和包装容器消毒和不消毒的储藏比较试验，储藏105天，经消毒处理的腐烂率为1.7%，未经消

第七章 采收与储藏

毒处理的腐烂率高达14.0%，可见，储藏环境清洁卫生的重要性。因此，储藏库周围不得有固体污染物、污水、不良气体等污染源，在建库时要调查周围环境卫生情况，库房周围100m内不得建厕所、500m内不得有垃圾堆放和污水、5km内不得有污染性气体，库内保持清洁。

（二）柑橘储藏方式

1. 柑橘地窖储藏

（1）地窖特点　地窖内湿度大、温度稳定，空气相对静止，含有少量二氧化碳。缺点是操作不方便，储量小，前期温度高等，仅适用于冬季气温较低的地区。在低温地区，地窖储藏的果实新鲜饱满，失重小，褐斑病病果少，储藏期长。

（2）地窖的建造　室内外均可建地窖，但须选择清洁、无污染、地势高、干燥、地下水位低（低于窖深）、土壤保水性能好、结构紧密而不易倒塌的地方。窖形以"三角瓶"式最普遍。室外窖需在窖口、窖颈及窖面抹一层三合土，窖口略高于地面，防雨水内灌。窖盖可用5～8cm厚的石板或水泥板。窖口直径0.45～0.55m，窖颈长0.45～0.55m，窖深1.90～2.20m，窖底直径2.30～2.60m，窖底有0.35～0.45m的陡壁，便于摆放储藏果，见图7-6。为了集中储藏、便于管理，可采用挖群窖的方法，即在一块较为平整的土地上，每隔3～5m挖一个窖，形成窖群，见图7-6。

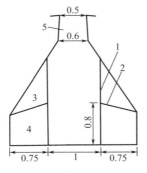

图7-6　地窖纵剖面图（摘自《柑橘技术培训班教材》）及地窖群

1—楼柱；2—抬杠；3—楼层储果处；4—楼底储果处；5—窖顶

（3）地窖储藏前的准备工作　进窖储藏前，凡是旧窖应修（削）壁换底，清除被污染的表土，填补清洁的土。视窖内土壤干湿程度，灌清水 50～150kg，盖上盖板。进窖前半个月进行消毒：乐果40%乳油400倍液喷窖密封杀虫3天，敞窖2天后用0.1%多菌灵喷窖杀菌。

（4）地窖储藏管理　柑橘果实按适当成熟度采收后，进行严格筛选，捡出不适储藏的果实。适合储藏的果实，经药物处理，待果面药液干后及时进窖（图7-7），盖上盖板。进窖最初几天，要把盖板稍为翘起通风，使果实逐步适应窖内环境，待果面不会形成汽水时，将窖口盖严。入窖初期应及时翻果检查，剔出伤果。以后每隔2～3周检查一次，捡出腐烂、干痕、霉蒂、油胞下陷等果实；每次下窖翻果前必须用点燃的油灯试探窖内二氧化碳和氧气含量，如灯熄灭，此时人不能入窖，应用扇子向窖内鼓风，排除二氧化碳、送入氧气，直到油灯不熄灭方可入窖，以免发生窒息危及生命。

图7-7　地窖储藏柑橘

2. 柑橘联拱沟窖储藏

（1）联拱沟窖特点　联拱沟窖是以地窖储藏原理为基础的一种全地下储藏设施，除了保持良好保温性能、高湿度外，还能更好地调节窖内温度和湿度，采用夹墙、夹底、窖外喷水和通风，利用自然冷源，进行窖内温湿度的调节，使窖内保持适当的温度、湿度；还能使窖内一定程度上提高二氧化碳浓度。据笔者调查，在四川岳池等地区，联拱沟窖内冬天可保持 10～11℃，6～7月份最高库温24℃，相对湿度可调至93%～98%，二氧化碳浓度1.0%～3.5%。联拱沟窖操作比地窖更方便，储量也大大增加。

（2）联拱沟窖的建造　选清洁、无污染，地下水位低于窖底，容易排水的地方建造联拱沟窖。沿南北向爆破或开挖成深约4.0m、宽7.5～8.0m的一道壕沟，用砖或石拱成两幢并列的联拱窖，根据地形可建多个联拱，每个联拱窖由缓冲间、储藏室、通风道和夹底四部分组成。窖的长度随地形而定，以25～30m为宜，窖底距拱顶高度3.0～3.2m，窖内宽2.4～2.5m，中间设走道宽0.9～1.0m，两侧用砖砌，墩上放五层小水泥板即为储藏室。拱顶正中设换气天窗，夹壁与起拱石墙之间设通风道。在夹壁中距夹壁和拱墙上交界处约15cm处安装水管，水管上每隔15cm钻直径2mm的喷水孔。窖前后两端皆设保温隔热墙，窖正面开设高1.9m、宽0.9m的外门，窖门外设宽3.0m的缓冲间，见图7-7～图7-10。

（3）联拱沟窖储藏前的准备工作　入窖前1个月，调节好窖内湿度，如窖壁储果台板干燥应喷饱清水，储果台及窖底垫上山坡上风化不久的红石

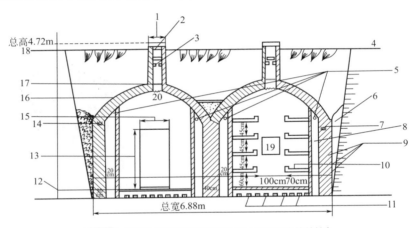

图7-8 联拱沟窖储藏柑橘横剖面图（摘自张自栋绘抽）

1—外盖；2—天窗口；3—天窗内侧；4—窖顶土层；5—喷水管；6—窖外侧混凝土层；
7—墩墙；8—通风道；9—墙体水孔；10—预制板储藏面；11—夹底进风口；12—夹底；
13—窖门高；14—圈梁；15—窖门宽；16—混凝土拱面；17—窖顶；18—天窗外侧；
19—窖后端通风口；20—防鼠网

图7-9 联拱沟窖外观实例

图7-10 联拱沟窖储藏果实实例

骨子沙，以利透气保湿。入窖前15天用乐果40%乳油400倍液密封杀虫3天，敞窖2天后用0.1%多菌灵喷洒窖壁，密封5～7天进行杀菌（或每立方米库房体积10g硫黄粉和1g氯酸钾，点燃熏蒸杀菌），敞窖2～3天备用。

（4）联拱沟窖储藏管理　果实采收后，及时进行药物处理，预储后入窖。果实管理要点如下。

① 根据窖内外温度情况，开或关通风道，调节或保持窖内温度。冬季当室外气温低、窖温高时，将通风道小门打开，引入冷空气调节窖温；3月气温回升后，白天关闭通风道，晚上打开；4～5月窖温低、室外气温高时，则关闭通风道，防止高温气体进入窖内。

② 及时灌水提高窖内湿度。湿度过低时，可以从后风道口灌水，夹墙喷水或水泥台板薄膜下灌水，以提高窖内空气湿度。

③ 定期翻果检查，注意关窗门密封，保温保湿和保持一定量的二氧化碳浓度。入窖后15天翻检第1次，以后30天翻检1次。

④ 窖内换气。入窖初期，每7天换气1次，以后每15天换气1次，每次换气时间1～2h。

3. 柑橘改良通风库储藏

（1）改良通风库的特点　改良通风库是在自然通风库基础上，对其通风方式和排风系统进行改进，安装了机械通风设备的储藏设施。改良通风库保温保湿性能好，能保持库内温度相对稳定，日温差可小于1℃，相对湿度可保持在90%左右，通风速度快，利用外界冷空气降温效果好，而且建造相对简易、操作方便，储量大，储藏保鲜效果良好。

（2）改良通风库的建造选址　库房应建在交通方便、四周开阔、附近没有排放对果实有毒刺激性气体的工厂、固体污染物、污水等污染源的地方。库房的方位要根据各地的气候而定，冬天最低气温在0℃以上的地区，库房以降温为主，其方位应是东西延长，这样，既可减少太阳西晒，又能较好地利用北方的冷风；而冬天最低气温在0℃以下的地区，库房需要防寒的时间较长，其方位应是南北延长为好。库房地面离地下水位3m以上，避免库面积水，周围没有遮挡物，利于通风。

（3）总体结构 库房由缓冲间（也称预储间）和储藏间组成。整座库房大小根据储量而定，库房不宜过宽，以10～15m为宜，长度不限，库高5m左右。通风库中一般每平方米面积的库房能储果300～500kg，储藏间的面积不宜过大，以储果(50～150)×10³kg为宜。库房可分成若干储藏间，便于管理，有利分批储藏和温湿度的稳定（图7-11～图7-13）。

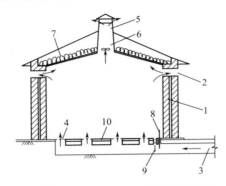

图7-11 改良通风库原理图（摘自曾灵君绘）

1—保温墙；2—屋檐通风窗；3—地下通风道；4—地面进风口；5—库顶抽风道；6—排风扇；
7—库顶隔热材料；8—风门插板；9—鼠铝网；10—库底

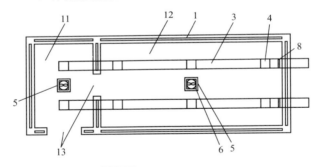

图7-12 改良通风库俯视图

1,3～6,8—同图7-11；11—预储间；12—储藏间；13—库门

（4）保温结构 改良通风库的外围墙体需用双层中空砖墙，墙厚50cm，中间留10～20cm空间做隔热层，内填炉渣、谷壳、锯末等隔热材料，也可直接用空气隔热。盖瓦的库顶设有天花板，其上铺30～40cm厚的稻草等隔热材料，减弱太阳辐射热的传递；或建混凝土库顶，混凝土库顶为双层中空混凝土，上下为20cm厚混凝土各一层，中间为20～30cm厚的空心层。库内安装双层门板套门，避免开门时热空

气直入储藏间，门板内填锯屑、泡沫等隔热材料（图7-11、图7-12）。

（5）通风系统　改良通风库的通风系统由地下通风道、屋檐通风窗、库顶抽风道、排风扇组成。每个储藏间设两条地下通风道，地下通风道一端在预储间，经储藏间，另一端在库外1m以上，地下通风道截面大小50cm×50cm×50cm，距地面50cm，在库内每隔3m设一通风口；进风口呈喇叭状，安装风门插板和防鼠铝网。库顶抽风道中安装排风扇，提高通风速度，见图7-14～图7-16。

图7-13　改良通风库外貌

图7-14　改良通风库地下进风口

图7-15　改良通风库地下通风道

图7-16　改良通风库库顶抽风道

（6）改良通风库储藏前的准备工作　每年储藏结束后，进行果箱、果篓等清洗、暴晒；入库前半个月进行库房清毒，可用硫黄粉熏蒸，用量为每立方米库房体积10g硫黄粉和1g氯酸钾，点燃熏蒸，密闭5天后，然后打开通风口、通风窗，通风2～3天备用。

（7）改良通风库储藏管理　果实采收经药剂处理、预储、单果包装后入库储藏；果实储放有堆储和架储两种形式，见图7-17、图7-18。堆储呈"品"字形堆码，底层用木条或砖块或铁架垫高10cm左右，箱之间应留2～3cm空间，最高一层离天花板应在1m以上；架储可在库内安装竹架、铁架或水泥架。储果期管理分三个阶段。

图7-17　改良通风库堆储　　　　　　图7-18　改良通风库架储

①　入库初期，库房应加强通风，尽快降低库内温度，调整湿度，促进新伤愈合。同时及时翻果检查，剔出伤果。

②　12月、1月、2月这段时间，库外温度比较接近库内所需温度，储藏效果最好，管理也较简单，只需适当通风换气。但对气温较低的地区（0℃以下），需增加防寒措施。

③　自开春到储藏结束，这段时间气温逐渐回升，库温也随之升高，此时的库房管理以降温为主，夜间或出现低温天气时适当机械排风，引进冷风，降低库温。如库内湿度过低，地面可洒水增湿。对果实加强检查，及时取出腐烂果、干痕果、干蒂果等。

4. 柑橘冷库储藏

（1）冷库特点　具有良好的隔热性能，能机械制冷、加湿和自动控制，容易控制温度和湿度至最适宜，能较好保持果品好果率和品质。但冷库投资大，运行成本高，操作技术复杂，库温控制不当容易产生柑橘冷害。

（2）冷库的建造选址　库房周围应有良好的卫生条件，必须避开和远离有毒气体、灰沙、烟雾、粉尘等污染源。库房所在地应交通方便、地势较高、干燥和地质条件良好、具备可靠的水源和电源。

（3）总体结构和围护结构　冷库通常由储藏间、预冷间、缓冲通道（缓冲间）、机房等构成，见图7-19。冷库的围护结构分钢筋混凝土结构、砖混凝土结构和钢架结构，可根据当地材料和对库房的综合利用情况进行选择。

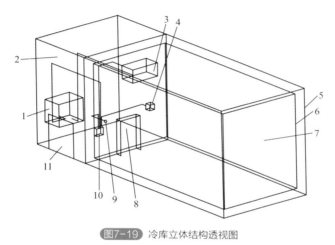

图7-19　冷库立体结构透视图

1—冷凝机组；2—缓冲间；3—冷风机；4—加湿器；5—围护墙体；6—保温板；7—储藏间；
8—储藏间库门；9—温度、湿度感应器；10—温度、湿度自动控制器；11—缓冲间库门

（4）保温结构　冷库保温材料多采用聚氨酯夹芯板和聚苯乙烯夹芯板，板厚150～200mm，夹芯板两侧是由彩色钢板、铝板或不锈钢板等构成。由于聚氨酯夹芯板的强度、隔热等性能优于聚苯乙烯夹芯板，所以聚氨酯夹芯板通常多应用于速冻或库温较低温库上，聚苯乙夹芯板则由于隔热性能较好且价格适中而通常多用于普通低温冷库、高温冷库上。库底最好采用聚氨酯夹芯板。保温板之间、保温板与墙体之间进行无缝黏合。

（5）防潮　库房墙体、库顶、库底与保温板接触面，以及保温板之

间连接处设防潮层，提高库体的保温效果。

图7-20 冷库中冷凝机组

（6）库门　用聚氨酯夹芯板冷库专用门，厚度150～200mm，安装时确保库门和库房密封良好。

（7）制冷设备　制冷系统，冷凝机组（压缩机组和冷凝器）安装在库外，冷风机和温度感应器安装在储藏间，温度控制器安装在缓冲间，压缩机、冷凝器、冷风机和温度感应器连接在温度自动控制器上或接入PLC控制系统，连接电源，实现制冷和温度自动控制，见图7-20～图7-22。每100m³的储藏间安装的压缩机功率以2.5～3.0kW为宜，冷凝器和冷风机的功率与之相匹配。

（8）加湿系统　可使用超声波加湿器、电极式加湿器、高压喷雾加湿器等进行冷库加湿（图7-21）。每100m³的储藏间安装的加湿器，出汽量以2kg/h为宜。安装湿度自动控制器或PLC控制系统，实现自动加湿。

（9）换气设备　可在储藏间墙体上开一通风窗，安装排风扇，在果实储藏期间可方便快捷地通风换气。但要确保设备安装良好，不影响墙

图7-21 冷库中加湿器

图7-22 PLC温湿控制系统

体的保温效果。

（10）冷库储藏前的准备工作　冷库储藏前应做好库房清洁消毒（方法同改良通风库）、设备检查维修，以及储藏专用塑料箱的购置和清洁消毒等。

（11）冷库储藏管理　温度调节，通过温度自动控制器或PLC控制系统操作，调整库内温度在柑橘果实所需适宜储藏温度范围内，避免局部或短时间超限低温的影响。进库的果实必须经过预冷散热处理，并控制每天果实的进库量不超过库容量的1/10。湿度控制，如安装了湿度自动控制器或PLC控制系统，在湿度控制器中把相对湿度设置在所需范围内，湿度即可自动调节；如没有安装加湿器，可采用往库房内喷水等方法提高湿度。通风换气，冷库相对密闭，注意每天换气，排除过多的二氧化碳和其他有害气体。

（12）果实管理　冷库内空气相对湿度较低而且风速较大，特别是无加湿器的冷库，进库的柑橘要求先进行打蜡处理或单果薄膜包装。冷藏的柑橘果实要定期进行抽样检查，了解储藏效果。冷库储藏大包装可用塑料箱、木箱、纸板箱等，见图7-23、图7-24。

图7-23　冷库储藏大包装纸板箱　　　　图7-24　冷库储藏大包装塑料箱

5. 柑橘湿冷通风库储藏

（1）湿冷通风库特点　湿冷通风库这种库型使自然冷源降温和风冷式制冷系统降温相结合，在自然冷源充足时，关闭制冷系统，利用地下通风系统引进湿的冷空气，进行降温、保湿，实现了节能；在外界温度过高时，利用制冷系统降温，能按不同储藏产品的需要提供适宜温度。配置了超声波等类型的加湿器，能按需提供恒定湿度。配置了温湿自动控制器，实现制冷和加湿自动控制。该库型具有以下几种运行模式：地下通风模式、机械制冷模式、地下通风和自动加湿模式、机械制冷和自动加湿模式，库房可周年使用，并能储藏多种农产品。

（2）湿冷通风库建造选址　根据上述改良通风库和冷库的要求选择湿冷通风库的建造地址。

（3）总体结构　湿冷通风库由缓冲间和若干储藏间组成，设地下通风道和排风设备，安装制冷设备、加湿设备和控制系统，见图7-25。该库不仅能地下通风、机械排风，充分利用自然冷源，并同时具有保温、机械制冷、加湿和自动控制等功能。

（4）建筑结构　库体由缓冲间和储藏间构成。缓冲间和储藏间均为长方体结构，缓冲间在储藏间库门侧并与储藏间相连。缓冲间的墙体

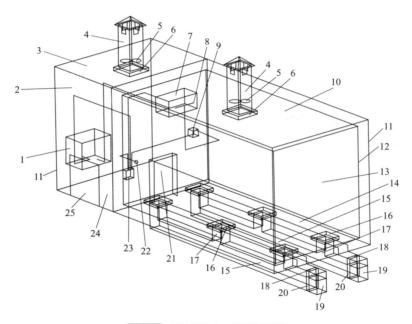

图7-25　湿冷通风库立体结构透视图

1—冷凝机组；2—缓冲间；3—缓冲间库顶；4—库顶通风窗；5—排风扇；
6—库顶通风窗密封板；7—冷风机；8—加湿喷头；9—加湿器；10—储藏间库顶；
11—保温砖墙；12—库体保温板；13—储藏间；14—储藏间库底；15—地下通风道；
16—地下通风道出风口密封板；17—地下通风道出风口；18—地下通风道进风插板口；
19—地下通风道进风口；20—地下通风道进风插板；21—储藏间库门；22—温度、湿度感应器；
23—温度、湿度自动控制器；24—缓冲间库底；25—缓冲间库门

柑橘高产优质栽培与病虫害防治图解（第二版）

是中空砖墙，库底为混凝土结构，库顶为空心混凝土结构，长×宽×高为4600mm×3100mm×5100mm。储藏间的墙体由中空砖墙和保温板构成，库底由混凝土层、防水层和保温板构成，库顶由空心混凝土和保温板构成，体积长×宽×高为9300mm×4300mm×4800mm。每个储藏间设两条地下通风道，通风道从储藏间地下通向库外（不与缓冲间连通）。保温砖墙厚度400mm，保温板厚度150mm，缓冲间库底和储藏间库底混凝土层厚度400mm，缓冲间库顶和储藏间库顶空心混凝土厚度500mm；库顶通风窗为正四边柱体，顶端加正四边锥体以便遮雨，分别设在缓冲间库顶、储藏间库顶中央，内空俯视面边长为500mm×500mm，高出库顶1800mm，顶部四周有宽×高为250mm×300mm的风口；储藏间有两条地下通风道，库内端与储藏间库门侧保温墙距离500mm，库外端与储藏间底侧保温墙距离1000mm，地下通风道宽500mm。深度：库内端离储藏间库面1150mm，库外端离储藏间库面1250mm，见图7-26、图7-27。在应用中，可根据需要按比例改变缓冲间和储藏间的大小进行库房建造。

（5）制冷系统 冷凝机组（图7-28）（压缩机组和冷凝器）安装在库外，冷风机（图7-29）和温度感应器安装在储藏间，温度控制器（图7-30）

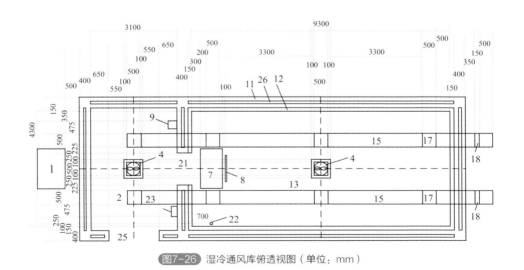

图7-26 湿冷通风库俯透视图（单位：mm）

26—墙体空心层；其他同图7-25

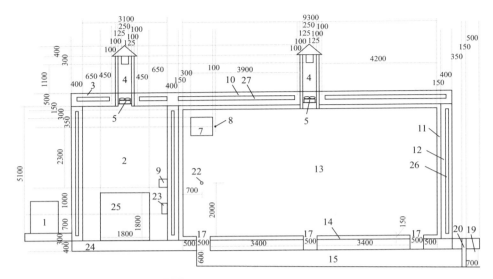

图7-27 湿冷通风库纵透视图（单位：mm）

26—墙体空心层；27—库顶空心层；其他同图7-25

图7-28 湿冷通风库冷凝机组

图7-29 湿冷通风库冷风机

安装在缓冲间，压缩机、冷凝器、冷风机和温度感应器连接在温度自动控制器上，连接电源，实现制冷和温度自动控制。每100m³的储藏间安装的压缩机功率以2.5～3.0kW为宜，冷凝器和冷风机的功率与之相匹配。

（6）加湿系统　使用超声波加湿器，湿度感应器安装在储藏间内，加湿气管连通加湿器和储藏间，加湿器（图7-31）和湿度控制器安装在缓冲间内，加湿器连接自来水管，加湿器、冷风机连接在湿度自动控制器上，连接电源，实现加湿和湿度自动控制。每100m³的储藏间安装的加湿器，出汽量在2kg/h为宜。也可使用电极式加湿器、高压喷雾加湿器等进行湿冷通风库加湿。

 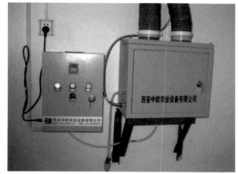

图7-30 湿冷通风库中温度控制器　　　图7-31 湿冷通风库中加湿器

（7）通风系统　通风系统由地下通风道、库顶通风窗和机械排风设备构成。每个储藏间和缓冲间设库顶通风窗并安装排风扇，连接电源，即可机械排风，见图7-29～图7-31。每100m³的储藏间及其缓冲间安装的排风扇功率以80～100W为宜。

（8）湿冷通风库储藏前的准备工作　按照上述改良通风库的方法做好库房清洁消毒，进行设备检查维修，以及储藏专用塑料箱的购置和清洁消毒等。

（9）湿冷通风库储藏管理　通风储藏，当室外平均气温低于果品适宜储藏温度或进行风预冷时，关闭制冷系统，利用地下通风系统调节温度，进行果品预冷或储藏。制冷储藏，当室外平均气温高于果品适宜储藏温度时，利用制冷系统调节温度，进行果品储藏。开启制冷系统，在温度控制器中把温度设置在所需范围内，温度即可自动调节。储藏过程中，注意通风换气，排除过多的二氧化碳和补充氧气。加湿，通风储藏或制冷储藏中，如湿度过低，开启加湿系统，在湿度控制器中把相对湿度设置在所需范围内，湿度即可自动调节。

（10）果实管理　柑橘进行湿冷通风库储藏时，按照上述冷库（制冷储藏时）或改良通风库（关闭制冷系统，通风储藏时）的方法进行管理。

三、柑橘储藏病害及防治

（一）柑橘真菌性病害主要特征和防治

1. 青霉病（*Penicillium italicum* Wehmer）和绿霉病（*Penicillium digitatum* Sacc.）

青霉病菌和绿霉病菌使果实发病过程和症状很相似，初期出现水渍状淡褐色圆形病斑，病部果皮变软腐烂，后扩展迅速，用手按压病部果皮易破裂，病部先长出白色菌丝，很快就转变为青色或绿色霉层，见图7-32、图7-33和表7-4。两种病菌常混生在同一病斑。

图7-32 柑橘青霉病状　　图7-33 柑橘绿霉病状

表7-4　青霉病和绿霉病症状比较

项目	青霉病	绿霉病
孢子丛	青绿色，可发生在果皮上和果心空隙里	橄榄绿色，只发生在果皮上
白色霉带	较窄，仅1～2mm，外观呈粉状	较宽，为8～15mm，略带胶着状，微有皱纹
病部边缘	水渍状，规则而明显	水渍状，不规则且不明显
病菌黏性	对包果纸及其他接触物无黏着力	包果纸往往贴在果上，也易与其他接触物黏结
气味	有霉气味	有芳香味

2. 黑腐病（*Alternaria citri* Ellis et pierce）

两种症状类型。一种是果皮先发病，外表的症状明显，病菌由果皮侵入果肉，引起果肉腐烂。由于果皮受伤后，病菌从损伤处侵入而引起发病，初期在果皮上出现水渍状淡褐色病斑，扩大后病部果皮稍下陷，长出灰白色菌丝，很快转变成墨绿色的霉层，病部果皮腐烂，果肉变质味苦，不能食用。另一种是果实外表不表现症状，而果心和果肉已发生腐烂。由于病菌在幼果期侵入，潜伏在果心，以后病菌在果实内部扩展并引起果心和果肉腐烂，而外表无明显的症状，见图7-34。

图7-34 柑橘黑腐病状

3. 蒂腐病（*Phomopsis citri* Fawc.）

又名褐色蒂腐病，此病症状特征为环绕蒂部出现水渍状，淡褐色病斑，逐渐变成深褐色，病部渐向脐部扩展，边缘呈波纹状，最后可使全果腐烂。患病果皮较坚韧，手指按压有革质柔韧感。由于病果内部腐烂较果皮腐烂快，因此当外果皮变色扩大至果面1/3 ～ 2/3时，果心已全部腐烂，故有穿心烂之称，见图7-35。

图7-35 柑橘蒂腐病状

4. 焦腐病（*Diplodia natalensis* Pole Evans）

又名黑色蒂腐病，果实发病多自蒂部或近蒂部伤口开始。病部呈黑色病斑，后蔓延全果并进入果心。腐烂果实常溢出棕褐色黏液，剖开病果可看到腐烂后的果心和果肉变为黑色，见图7-36。

图7-36 柑橘焦腐病状

5. 疫菌褐腐病（*Phytophthora citrio phthora*）

果实感染后，表皮发生污褐色至褐灰色的圆形斑，很快蔓至全果。病果有强烈的皂臭味，在干燥条件下病果皮质地坚韧，在高温条件下病果长出白色绒毛菌丝。此病在储藏期传染甚速，在窖内可以使全窖柑橘腐烂，在果箱内全箱柑橘腐烂，见图7-37。

图7-37 柑橘疫菌褐腐病状

6. 酸腐病（*Oospora citriaurantii* ex Persoon）

病菌从伤口或果蒂部入侵，病部首先发软，变色为水渍状，极柔软，易压破，在温度适宜的情况下，患部迅速扩大，侵及全果。果实发病腐败后，产生酸臭味，表面长出白色、致密的薄霉层，略皱褶，为病菌的气生菌丝及分生孢子，烂果最后成为一堆溃不成形的胶黏物，见图7-38。

7. 炭疽病（*Colletotrichum gloeosporioides* Penz）

有干疤、泪痕和腐烂三种不同的类型。干疤型症状多出现在果腰部位，病斑圆形或近圆形，凹陷，黄褐色或深褐色，病部果皮呈革质或硬化，病变组织限于果皮层。泪痕型症状是在阴雨或潮湿的条件下，大量的分生孢子从果蒂流到脐部，病菌侵害果实表皮层而形成红褐色或暗红色的条状痕斑，仅影响果实外观，病菌不侵入白皮层。腐烂型症状主要出现在储藏期，多从果蒂部或靠近果蒂部位开始发病，初为淡褐色水渍状，后变为褐色而腐烂。病斑的边缘整齐，先果皮腐烂而后引起果肉腐烂，见图7-39。

图7-38 柑橘酸腐病状　　图7-39 柑橘炭疽病状

8. 真菌病害防治

（1）采前预防　真菌病害的防治要从栽培管理抓起，做好果园的病虫害防治。搞好修剪，清除病虫果、枝、叶，减少病源。加强肥水管理，使树体强壮，果实抗病性强。

（2）采后防腐处理　果实采后进行防腐处理，常用化学杀菌剂有多菌灵、托布津、苯来特、抑霉唑、咪鲜胺、仲丁胺等。近年来，国内外开发出多种微生物源和植物源杀菌剂，该类杀菌剂无毒无害，使用安全，在生产中选择使用。

（3）储期防治　储期加强管理，保持储藏环境清洁卫生，果实单果袋包装，调整适宜的温、湿度。

（二）柑橘生理性病害主要特征和防治

1. 褐斑病

（1）症状　病变多数发生在果蒂周围，果身有时也有出现。初期为浅褐色不规则斑点，以后颜色逐渐变深，病斑扩大。病斑处油胞破裂，凹陷干缩，病变部位仅限于外果皮，但时间长了病斑下的白皮层变干，果实风味异变，见图7-40。

图7-40　柑橘褐斑病状

（2）防治措施　果实采收不宜过晚，应适当提前采收，可以减少储藏期发病；适当控制储藏库中的温度、湿度和二氧化碳含量，使库温尽量接近果实储藏最适宜温度，相对湿度85%以上，库内二氧化碳含量不高于5%，氧气含量不低于10%。

2. 枯水病

（1）症状　枯水的果实外观完好，果内汁胞变硬、变空、变白、缺汁而粒化，或者汁胞干缩缺汁。果皮变厚，白皮层疏松，油胞层内油压降低，色变淡而透明，脆裂，易与白皮层分离。中心柱空隙大，囊壁变厚，果实风味变淡，严重枯水的果实食之无水无味，见图7-41。

（2）防治措施 目前还缺乏十分有效的防治措施。采用采前加强果园的肥水管理、采前喷20mg/L赤霉素或采后浸洗100mg/L赤霉素、适期采收、适当延长预储时间、调节适宜的温湿度储藏等措施，可以减少果实枯水的发生。

图7-41 柑橘枯水病状

3. 水肿病

（1）症状 柑橘水肿病发病初期，果皮无光泽，颜色变淡，手按稍觉软绵，口尝稍有异味。随着病情的发展，整个果实皮色淡白，局部出现不规则、半透明水渍状或不规则浅褐色斑点，此时水肿果实有煤油味。病情严重时，整个果实为半透明水渍状，表面胀饱，宽皮柑

图7-42 柑橘水肿病状

橘手感松浮，橙类软绵，均易剥皮，有浓厚的酒精味。若继续储藏，则被微生物侵害而腐烂，见图7-42。储藏温度过低，会引起果实水肿，属冷害的一种表现；储藏库通风不良，二氧化碳积累过高，引起二氧化碳伤害，果实发生水肿。

（2）防治措施 控制适宜的储藏温度和适当进行库房通风换气，便能有效地防止水肿病的发生。

（三）柑橘防腐保鲜处理

1. 防腐保鲜剂

柑橘防腐保鲜剂有粉剂和乳剂两种，其作用是抑制病菌滋生和发展、减少储藏病害和腐烂；抑制果蒂离层形成，抑制果实呼吸作用，延

缓果实衰老、提高果实耐储性。柑橘防腐保鲜剂由杀菌剂和植物生长调节剂，可在市场上购买，也可自行配制。杀菌剂有化学杀菌剂和生物杀菌剂，在柑橘储藏中常用的化学杀菌剂见表7-5。植物生长调节剂使用生长素，浓度100～250mg/L。为确保食用安全，在防腐保鲜药物的选择上，一定要符合无公害食品的要求，不得使用标准中禁止使用的药物，不得超浓度使用，每批果实只能处理1次，全果食用的只能使用食品级药物。

表7-5 常用化学杀菌剂及浓度（仲丁胺1%浸洗，0.1ml/L熏蒸）

单位：mg/L

杀菌剂	多菌灵	托布津	抑霉唑	苯来特	噻菌灵	仲丁胺
浓度	500～1000	500～1000	500	500	1000	1%、0.1

2. 防腐保鲜处理方法

柑橘采收后，最好采后当天防腐保鲜处理，最迟不能超过3天，否则处理效果大大降低。处理方法是防腐保鲜剂按要求浓度配好后，用药液浸湿果实，取出晾干即可，可手工处理，也可机械处理，见图7-43、图7-44。柑橘作短期储藏时，可单独用杀菌剂处理；而长期储藏时，须用杀菌剂和植物生长调节剂混合处理。

图7-43 柑橘机械防腐保鲜处理

图7-44 柑橘手工防腐保鲜处理

（四）柑橘单果储藏包装

1. 柑橘单果包装的作用

柑橘塑料薄膜的作用是减弱果实水分蒸腾作用，减少果实失重损失，防止果实萎蔫，见表7-6；使果实新鲜饱满，较好保持原有风味；降低褐斑病的发生率；起隔离作用，通过阻止交叉感染而减少腐烂发生。

表7-6　柑橘薄膜单果包装储后失重率

处理	失重率/%		
	锦橙（储150天）	椪柑（储100天）	温州蜜柑（储110天）
0.015mm薄膜包装	2.3	2.1	2.1
裸果	18.7	21.3	28.5

2. 柑橘单果包装的方法

（1）材料　柑橘储藏中效果最好的单果包装是塑料薄膜单果袋。要选购适宜厚度的薄膜袋，才能取得较好的效果，包装甜橙类和宽皮柑橘类以0.010～0.015mm为宜，包装柚类以0.015～0.03mm为宜。

（2）包装方法　果实适当预储后才进行包装，果实刚采下或果面水分未干时包装会结水珠，影响储藏效果。包装时，薄膜袋开口朝下，这样防水分损失的效果更好（图7-45）。柑橘单果包装可用机械包装机进行热合式包装，图7-46为柑橘自动单果包装机，该机经济实用、操作简便、包装速度快，适用于脐橙、普通甜橙类等单果包装。

图7-45　塑料薄膜单果包装

图7-46　自动单果包装机

柑橘高产优质栽培与病虫害防治图解（第二版）

（五）柑橘商品化处理

1. 商品化处理环节及设备

（1）商品化处理的工艺流程　柑橘采后商品处理是使果品规格化、标准化、美观化和优质化，以提高果实的商品性，增加经济收益，柑橘果实在采后需进行一系列的处理。主要环节：果实清洗（包括漂洗或淋洗、涂清洁剂、刷洗、清水淋洗）→杀菌→擦干或风干→涂蜡→抛光→烘干或风干→选果、分等→贴标签→大小和品质分级→未涂蜡的单果包装→装箱或袋→成品，见图7-47。

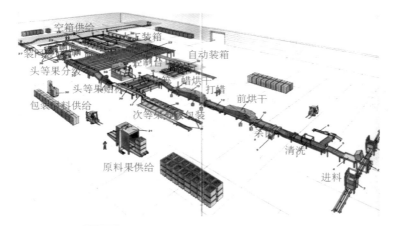

图7-47　柑橘商品化处理车间布局图（俞毅路提供）

（2）商品化处理的设备　柑橘商品化处理专用设备称柑橘商品化处理生产线，主要由进料机、清洗机、烘干机、打蜡机、分级机、贴标、包装机等组成。按设备的分级性能，柑橘商品化处理生产线可分为横径分级型、重量分级型、光电分级型、外观缺陷分级型、内质分级型。横径分级型柑橘商品化处理生产线是滚筒的分级圆口或滑槽，按果实的横径分级；重量分级型生产线是利用在线重量感应器，按果实的重量分级；光电分级型生产线是在重量分级型的基础上，增加了果皮色泽和果实形状在线检测设备，可根据果实果皮颜色、直径、形状、重量进行分级；外观缺陷分级型生产线是在光电分级型的基础上，增加了外观缺陷在线检测设备，可根据果实果皮颜色、直径、形状、果皮缺陷（病斑、伤痕等）、重量进行分级；内质分级型生产线是在外观缺陷分级型的基础上，增加了内质（糖、有机酸）在线检测设备，可根据果实果皮颜色、直径、形状、果皮缺陷、内部品质、重量进行分级。

2. 清洗

柑橘采收后当天进行清洗，清洗后应尽快使果面水分晾干或风干。可采用手工清洗或机械清洗，手工清洗时操作人员应戴软质手套，清洗所用机械不得擦伤果实。在果面不太脏的情况下，用清水清洗可达到目的；而果面较脏时，清水中加入清洗剂才能达到理想的效果。如果清洗后不准备再进行防腐保鲜处理，可在清洗液中加入防腐剂或防腐保鲜剂，能明显降低果实腐烂率和保持新鲜度（图7-48）。

图7-48 柑橘清洗

3. 风干

柑橘风干宜用自然凉干法或机械热风风干法。采用自然凉干法时，应加强库房的空气流通，晾干时间不少于24h；采用机械热风风干法时（图7-49），到达果面的空气温度应低于50℃，而且持续时间不超过5min。

图7-49 柑橘烘干机

4. 打蜡

（1）柑橘果实打蜡的作用

① 改善果实光洁度：果实打蜡后，果皮光滑而光亮，反光性好，光泽大大增强。

② 防止果实萎蔫：果实打蜡后，能减缓水分蒸腾，减少果实失重和防止果皮皱缩。

③ 防腐保鲜：果实打蜡后，果实腐烂率和褐斑病发病率大大降低，果实新鲜饱满。

④ 改善果皮颜色：果实打蜡能增加果皮颜色深度。

（2）柑橘打蜡的方法

① 蜡液的选择：全食用的柑橘所用的蜡液必须是食品级的，所用原料必须是可食用的；去皮食用的柑橘所用蜡液的卫生指标必须满足无公害食品标准要求。蜡液的性能上，果实处理后应具有良好的光洁度并减少水分损失。

② 果实打蜡前的处理：果实处理蜡液前，剔除伤、病、虫、次等果，进行清水清洗，洗去灰尘污染物质，果实表面水分干后再打蜡。

③ 上蜡：处理蜡液可在机器（打蜡机）上进行，也可手工进行。机器有大型的水果采后生产线和小型的打蜡机（图7-50），经过喷蜡、毛刷涂刷来完成打蜡。手工打蜡时，用海绵或布蘸上蜡液均匀涂于果面上即可。

④ 果实打蜡后的管理：提供适宜的温度、湿度、气体条件。一般打蜡处理以后最好储藏在冷库中，长途运输和销售也应在冷链下进行。应

图7-50　果实打蜡机

该在45天左右内售完。如果要求较长的储藏时间，也可在果实采后先进行一般保鲜处理，单果包装储藏，出售前再进行打蜡处理。

5. 分级

（1）柑橘分级指标　柑橘分级指标是对果实分级的依据和尺度。由于柑橘品种繁多，分级指标也因品种不同而有用所差异，特别是果实大小。柑橘分级指标主要分三大项：外观标准、内质标准和大小标准，见表7-7～表7-9。

表7-7　柑橘等级指标（摘自NY/T 1190—2006《柑橘等级规格》）

项目		特等品	一等品	二等品
可溶性固形物/%		甜橙类≥9.0；宽皮柑橘类≥8.5；葡萄柚类≥9.0；柚类≥9.0；橘橙类和橘柚类≥9.5（柠檬类含酸量≥4.0%）		
果形		具有该品种典型特征，果形一致，果蒂青绿、完整、平齐	具有该品种形状特征，果形较一致，果蒂完整、平齐	具有该品种形状特征，无明显畸形，果蒂完整
果面	色泽	具该品种典型色泽，完全均匀着色	具有该品种典型色泽，75%以上果面均匀着色	具有该品种典型特征，35%以上果面较均匀着色
	缺陷	果皮光滑；无雹伤、日灼、干疤；允许单果有极轻微油斑、菌迹、药迹等缺陷。单果斑点不超过2个，柚类每个斑点直径≤2.0mm，金柑、南丰蜜橘、砂糖橘、本地早等微、小果型品种每个斑点直径≤1.0 mm，其他柑橘每个斑点直径≤1.5 mm。无水肿、枯水、浮皮果	果皮较光滑；无雹伤；允许单果有轻微日灼、干疤、油斑、菌迹、药迹等缺陷，但单果斑点不超过4个，柚类每个斑点直径≤3.0 mm，金柑、南丰蜜橘、砂糖橘、本地早等微、小果型品种每个斑点直径≤1.5 mm，其他柑橘单果斑点直径≤2.5mm。无水肿、枯水果，允许有极轻微浮皮果	果面较光洁，允许单果有轻微雹伤、日灼、干疤、油斑、菌迹、药迹等缺陷，单果斑点不超过6个，柚类每个斑点直径≤4.0 mm，金柑、南丰蜜橘、砂糖橘、本地早等微、小果型品种每个斑点直径≤2.0 mm，其他柑橘单个斑点直径≤3.0mm。无水肿果，允许有轻微枯水、浮皮果

表7-8　柑橘鲜果大小分组规定（摘自NY/T 1190—2006《柑橘等级规格》）单位：mm

品种类型		组别					
		2L	L	M	S	2S	等外果
甜橙类	脐橙、蓬安100号、梨橙2号、锦橙、夏橙、血橙、大红橙、雪柑、化州橙及其他普通甜橙等大、中型果品种	85～95	80～85	75～80	70～75	65～70	<65或>95

品种类型		组别					
		2L	L	M	S	2S	等外果
甜橙类	冰糖橙、哈姆林甜橙、新会橙、柳橙、桃叶橙、红江橙（含绿橙）等小型果品种	80～85	75～80	70～75	65～70	55～65	＜55或＞85
宽皮柑橘类	温州蜜柑、椪柑、蕉柑、贡柑、红橘、早橘、橙橘等大、中型果品种	75～85	65～75	60～65	55～60	50～55	＜50或＞85
	朱橘、本地早、南丰蜜橘、砂糖橘、年橘、马水橘等小、微型果品种	65～75	60～65	50～60	40～50	25～40	＜25或＞75
柠檬、来檬类		70～80	63～70	56～63	50～56	45～50	＜45或＞80
葡萄柚及柚类杂种		90～105	85～90	80～85	75～80	65～75	＜65或＞105
柚类		155～185	145～155	135～145	120～135	100～120	＜100或＞185
金柑类		35～40	30～35	25～30	20～25	10～20	＜10或＞40

表7-9 同一包装单果最大差异规定（摘自NY/T 1190—2006《柑橘等级规格》）

单位：mm

品种类型		尺寸组别	同一包装中果实横径的最大差异
甜橙类	脐橙、蓬安100号、梨橙2号、锦橙、夏橙、血橙、大红橙、雪柑、化州橙及其他普通甜橙等大、中型果品种	2L	11
		L～M	9
		S～2S	7
	冰糖橙、哈姆林甜橙、新会橙、柳橙、桃叶橙、红江橙（含绿橙）等小型果品种	2L	10
		L～M	8
		S～2S	6
宽皮柑橘类	温州蜜柑、椪柑、蕉柑、贡柑、红橘、早橘、橙橘等大、中型果品种	2L	9
		L～M	8
		S～2S	7

品种类型		尺寸组别	同一包装中果实横径的最大差异
宽皮柑橘类	朱橘、本地早、南丰蜜橘、砂糖橘、年橘、马水橘等小、微型果品种	2L	7
		L～M	6
		S～2S	5
柠檬来檬类		2L～2S	7
葡萄柚及柚类杂种		2L	15
		L～M	11
		S～2S	9
柚类		2L	18
		L～M	15
		S～2S	12
金柑类（金弹、罗浮、罗纹等）		2L	5
		L～M	4
		S～2S	3

（2）柑橘分级方法

① 柑橘分级项目：柑橘分级须对果实大小、内在品质和外观质量进行综合等级分类。目前柑橘采后生产线中，光电分级系统可进行颜色、直径、形状、体积分级；缺陷分级系统可进行颜色、形状、重量、外观缺陷分级；糖度分级系统可进行颜色、形状、重量、外观缺陷、糖度分级。

② 大小分级：大小分级主要方法有，机械横径分级，运用圆形或长方形进果孔的滚筒或移动槽进行分级；手工横径分级，用圆孔的分级圈或分级板进行分级；手工重量分级，用台秤或电子秤称重分级，主要用于柚类；机械重量分级，运用重量感应器自动称重分级，目前柑橘采后生产线运用最多的一种大小分级方式，见图7-51。

③ 内在品质分级：品质分级可采取抽查法或在线结合抽查法进行，包括可溶性固形物含量、有机酸含量、固酸比、可食率等。在先进的糖

度分级生产线中，能进行自动的含糖量在线测试分级（图7-52）。

④ 外观质量的测定：外观质量的测定项目较多，操作起来也较复杂，包括果实的形状、果皮色泽、果面清洁光滑度、斑痕、腐烂及病伤果等。先进的光电果品采后生产线可以进行果皮色泽、伤病果分级，但多数需要结合手工来完成，或者单纯手工来完成。

图7-51 柑橘自动重量分级线（俞毅路摄）　　图7-52 柑橘品质在线分级（赖咏宁摄）

6. 柑橘商品包装

（1）商品包装的作用　柑橘商品包装主要有对果实的保护、美观、便于搬运、销售等作用。

（2）商品包装材料　包装材料应符合坚固不易破碎、变形，可层叠装运，轻便；无不良气味；光滑，不易擦伤刺伤果实，便于消毒；有通气孔；价格低廉，取材方便等。竹筐等虽然取材容易、价格低廉，但竹筐内外两面粗糙而易伤果子，也不美观，近年来逐渐减少；而相比之下，纸箱价格稍高一些，但纸箱内外壁光滑不易伤果子，箱体美观，还可印上图案标识，瓦楞纸箱应用越来越普遍。

（3）商品包装设计　容器形状、大小、规格、材料和装潢图案设计要适合柑橘包装需要。长途运输以箱装为好，箱体大小以装果5～15kg为宜；为便于零售，宜用较小包装；高档礼品用果，可设计成精巧美观的便携式包装。

（4）商品包装方法　柑橘商品包装有手工包装机械自动化包装。为减少损伤，包装箱内四周和果实之间应有柔软、质轻、清洁的衬垫和填充物，各层间放隔板或衬垫物，特别是长途运输时。果子可选择分层、分层成排或定个数装箱，不要装得太满，防止装运时压伤（图7-53）。

图7-53 柑橘商品包装

7. 标签标识

标识内容包括商标、品名、数量、等级、执行标准号、产地、采收时间、保鲜条件及期限。单果标识以不干胶或纸进行标签粘贴，面积小于果面面积的10%。包装标识，彩色印刷于包装箱外侧。图7-54是用于柑橘的自动贴标机。

图7-54 自动贴标机